KB188338

한국사회와 공간환경에 관한 간략한 비평 1

국토와 도시

이 도서의 국립중앙도서관 출판예정도서목록(CIP)은 서지정보유통지원시스템 홈페이지(http://seoji.nl.go.kr)와 국가자료공동목록시스템(http://www.nl.go.kr/kolisnet)에서 이용하실 수 있습니다.
CIP제어번호: CIP2015036137(양장), CIP2015036138(반양장)

한국사회와 공간환경에 관한 간략한 비평 1

국토와 도시

최병두 지음

책을 펴내며

1.

국토란 사전적 의미로 '나라의 땅' 또는 '한 나라의 통치권이 미치는 지역'을 이른다. 그러나 국토라는 용어는 '한 국가의 영토'보다 훨씬 더 많은 의미를 내포한다. 국토란 우선 우리가 함께 살아가는 생활공간이자 삶의 터전을 의미한다. '국어'가 우리말과 글을 의미하듯, '국토'는 우리의 땅을 말한다. 국토는 일정한 지역에서 함께 살아가는 사람들이 공유하는 공간이라는 점에서 국토의 구성원으로 범위가 한정되는 국민의 개념 및 이들로 구성된 정치적 공동체, 즉 국가의 개념과 연계된다.

국토는 다양한 지리적·환경적 요소로 이루어진다. 국토는 육지만이 아니라 바다와 상공 등을 포괄한다. 또한 산과 하천 등의 지형, 온도와 강수량 같은 기후, 그곳에 살아가는 다양한 동식물 등 자연적 요소, 유무형의 역사적 유산과 문화 경관, 공장과 도로, 철도 등의 다양한 사회간접시설, 사람들이 살아가는 도시와 농촌, 이들의 문화와 사회정치적 제도와 같은 인문적 요소도 포함한다. 국토는 토지 자원을 갖고 있을 뿐만 아니라 다양한 천연자원을 매장하고 있으며, 이러한 자원을 활용한 생산 및 생활 활동의 기반이 된다.

또한 국토는 국가의 권력이 작동하는 영토 또는 정책이 전개되는 공간을 의미한다. 국토종합개발계획, 국토교통부와 같이, 공간과 직접 관련된 정책과 이를 담당하는 부서에 '국토'라는 용어가 붙는다. 또한 국가(중앙정부)의 정책들은 대부분 국토 공간을 매개로 시행된다. 이명박정부의 저탄소녹색성장 정책의 핵심이었던 4대강 사업, 박근혜정부의 창조경제 정책의 일환으로 운영되는 지역창조경제혁신센터가 주요한 사례이다. 정부 정책이 국토 공간 내에서 이를 매개로 전개되는 것은, 국토가 국가의 주권이 미치는 범위를 의미하기 때문이다.

이러한 국토의 개념은 근대 국민국가를 전제로 한다. 근대 국가의 기본 구성요소는 국민, 영토, 주권이다. 한 국가의 영토, 즉 국토는 국민들의 사회문화적 삶이 영위되는 생활공간이며, 국가의 주권이 효력을 가지는 공간적 범위이기도 하다. 국토는 국민 생활과 주권 권력의 물적 토대이며, 또한 국민을 규율하고 권력을 행사하기 위한 이데올로기이기도 하다. 즉, 국토 의식은 국민들에게 하나의 사회공간에 속해 있다는 정체성을 가지도록 하고, 권력집단은 이를 통해 국민들의 사회공간적 통합과 국토 공간의 안정적 지배를 도모한다.

이러한 국토 개념은 오늘날 세계화 과정 속에서 그 의미를 상당히 잃어버린 것처럼 보인다. 국경을 가로지르는 초국적 활동의 증대는 국토의 개념이 점차 무의미한 것처럼 보이도록 한다. 하지만 국가의 기능이 그 작동방식의 변화에도 유지·강화되고 있는 것처럼, 그 의미와 역할이 많이 달라졌다고 할지라도 국토는 국민 생활과 주권 권력을 위한 물적 토대이자 이데올로기로 작동하고 있다.

2.

도시는 국토의 일부로서 인구와 산업이 집중해 밀집한 지역을 의미한다. 도시는 사람들의 정치·경제·사회문화적 활동의 무대가 되는 장소 또는 그 활동의 중심지이다. 도시의 한자어를 풀이하면, 도都는 '모두를 거느리다' 또는 '우두머리가 거하는 곳'으로 행정·사회적 의미를, 시市는 '물건을 사고파는 저자' 또는 '거래·매매·흥정하다'는 뜻으로 경제적 의미를 가진다. 즉, 도시란 정치·행정적으로 중추 관리 기능이 집중되며, 제조업과 상업, 금융 및 여타 경제활동의 중심이 되는 장소이다.

그러나 실제 도시가 한 국가나 사회의 중심지가 된 것은 근대 이후이다. 물론 고대에도 도시가 발달했고 중세에도 인구가 밀집한 도시가 있었다. "신은 인간을 만들고 인간은 도시를 만들었다"라고 할 정도로, 인류의 역사는 도시의 역사라고 할 수 있다. 그러나 14세기 유럽에서 가장 큰 도시였던 파리의 인구는 20만 명에 지나지 않을 정도로 도시에 거주하는 인구가 많지 않았다. 15세기 조선시대 한성부의 인구는 10만 명 정도로 전국 인구의 14.7%를 차지했다. 근대 이전 주요 경제활동은 농업이었고, 이에 따라 도시가 아니라 시골에 더 많은 사람들이 살면서 더 많은 생산 활동이 이루어졌기 때문이다.

근대 도시의 발달은 자본주의가 등장한 이후, 특히 산업혁명 이후 급속히 진행되었다. 중세 말기 도시들은 원거리 중개무역을 통해 상업 자본을 형성했고, 원료와 노동력을 결합한 상품 생산과 유통을 통해 점점 더 많은 산업 자본을 축적했다. 18세기 중반 이후 시작된 산업혁명은 기술혁신과 이에 따른 사회경제적 변화를 일으켰다. 원료의 산지나 적환지를 중심으로 공장이 입지하고 노동력이 몰려들면서 새로운 산업도시들이 발달했다. 산업화는 도시화와 손을 맞잡고 진행되었다. 도시는 자본주의 경제 발전의 장이자 자본축적을 위한 물적 토대이며 가장 중요한 수단이 되었다.

오늘날 도시는 한 국가(특히 선진국)에서 대부분의 국민들이 살아가는 장소이며, 거의 모든 경제적 활동이 집중된 지역이다. 탈산업화와 정보화로 과학기술과 금융자본이 주요한 역할을 하게 되었고, 이른바 지식기반 경제로 전환하게 되었다. 도시 인구도 급속히 성장했다. 1800년대에는 세계 인구의 3%만이 도시에 거주했지만, 현재 50% 이상의 인구가 도시에 거주하고 있다. 인구 1000만 명이 넘는 도시, 메가시티는 1950년 두 곳뿐이었지만, 2010년에는 22개에 달했고, 2025년에는 29개로 늘어날 전망이다. 인구가 1000만 명이 넘지 않더라도 인구와 산업이 밀집한 도시 지역을 메가시티리전(광역경제권)이라고 하는데, 한국에서는 경인권과 부산울산경남권이 세계 20위권 안에 속한다.

이러한 거대도시들은 탈산업사회로의 전환과 더불어 새로운 모습을 갖추게 되었다. 도시의 건조 환경은 점점 더 웅장하고 화려한 경관으로 변모하고 있고, 도시인들은 물질적으로 풍요로운 생활을 하게 된 것처럼 보인다. 그러나 오늘날 거대도시의 내면을 살펴보면, 그동안 도시의 발전이 누구에 의한, 무엇을 위한 것이었는가라는 의문을 품게 만든다. 도시 내 계층 간 양극화와 더불어 거대도시 지역과 그 외 지역 간 불균등이 점점 더 커지고 있다. 거대도시 내에서도 소시민들은 실업과 비정규직화, 전세 폭등과 가계부채의 급증 등으로 심각한 고통을 겪고 있으며, 다양한 도시문제들, 주거·교통·의료·환경문제의 악화로 어려운 삶을 살아가고 있다.

3.

이 책은 '한국 사회와 공간환경'에서 발생하는 여러 문제를 주제로 비평한 글들을 모아서 편집한 것이다. 편집된 글들은 기존에 신문 칼럼, 대중저널의 원고나 서평, 학술지 논문의 일부 또는 연구 단보 등으로 게재되었던 것들이다. 이 원고들을 모아서, 지리학 및 도시계획학, 지역개발학, 도시정책 및 행정학, 도시·지역사회학, 환경학 등 공간환경 관련 학과의 1, 2학년 학생들, 그리고 이러한 분야에 관심을 가지는 일반 독자들을 위해 재정리·수정해서 책으로 출간하게 되었다.

이러한 의도로 기존 글들을 편집하면서, 처음에는 한 권으로 출간할 계획이었으나 재정리하는 과정에서 출판사와 논의한 끝에 두 권으로 분책하게 되었다. 이렇게 하는 것이 내용을 체계화하고 독해를 수월하게 할 것으로 판단되었기 때문이다. 이 책은 이렇게 편집된 '한국 사회와 공간환경에 관한 간략한 비평'의 제1권으로 '국토와 도시'에 관한 주제들을 다루고 있다. 주요 내용은 국토 및 도시의 경제, 도시 공간 및 경관의 재구성, 부동산 및 서민 주거문제, 사회공간적 위험과 다문화사회, 그리고 이러한 주제들을 다루기 위해 개념적 바탕이 될 수 있는 이론가들과 관련 서적들에 관한 평으로 구성되어 있다. 제2권은 '영토와 환경'에 관한 주제들을 다룬 책으로, 주요 내용은 국토와 도시의 인프라, 영토 공간의 지정학 및 지경제학, 에너지와 원전 문제, 4대강 사업과 물 문제, 그리고 이 주제들의 논의에 바탕이 될 수 있는 이론가들과 관련 서적들에 대한 평으로 구성될 예정이다.

이 책은 각기 다른 목적과 시점에서 쓰인 글들을 편집한 것이지만, 재정리·수정하는 과정에서 가능한 유사한 주제들을 한 장으로 묶고 연관성을 가지도록 보완하고자 했다. 특히 신문 칼럼처럼 짧게 쓴 글에는 좀 더 쉽게 이해할 수 있도록 통계자료와 관련 도표를 첨부했다. 또한 상당수의 글이 우리 사회 및 지역에서 발생한 주요 이슈를 다루고 있다는 점에서 분명 시의성을 가지지만, 이 글들을 서술하게 된 이론적 배경을 이해하거나 개념적 논의를 돕기 위해 관련된 논문의 일부나 연구 단문을 수정해 같은 장으로 묶기도 했다.

이러한 편집 과정을 거쳤지만, 이 책에 게재된 글들은 분량이나 논의의 수준에서 다소 편차가 있다. 특히 각 글을 가능한 한 간략한 비평으로 서술하고자 했기 때문에, 꼭 필요한 경우에만 참고문헌이나 인용문의 출처를 밝혔다. 본문에 간혹 나오는 인용문은 대부분 해당 주제와 관련된 웹사이트를 활용한 것이다. 이 책은 학술 목적이 아니라 관련 주제들에 우선 관심을 가지도록 할 목적으로 구성했기 때문에, 관련 문헌들을 따로 논평하지는 않았다. 또한 대부분의 글들이 특정한 시점을 기준으로 작성되었기 때문에, 시제를 수정·보완했으며, 이에 참조가 되도록 각 글의 마지막에 최초 집필 날짜를 표기해두었다.

이 책이 출판될 때까지 도움을 주신 모든 분들에게 감사드린다. 기존의 글을 쓸 수 있도록 청탁 및 게재해준 신문사, 대중저널, 학술지 등의 여러 편집인에게 감사드린다. 또한 이러한 매체를 통해 게재된 기존 글을 읽어준 분들과 간혹 직간접적으로 오류를 지적하거나 논평해준 분들에게도 감사드린다. 끝으로 도서출판 한울에서 이 글들을 모아서 출간할 수 있도록 논의하고 직접 편집을 맡아준 분들에게도 감사드린다.

이 책에 게재된 간략한 비평의 글들을 통해 많은 독자가 '한국 사회와 공간환경'과 관련된 문제들에 더 많은 관심을 가지고 공감하면서 문제 해결을 위한 대안을 함께 모색할 수 있기를 기대한다.

2016년 1월

최병두

차 례

서론_
대한민국 국토 성형의 역사

인간의 성형, 자연의 성형

인간이 지구상에 처음 등장했을 때, 인간은 자신이 살고 있는 땅과 자연을 두려워하고 경외했다. 그러나 언제부터인가 인간은 교활한 이성으로 대지와 자연에 대적했고, 마침내 자연을 정복하고 지배하게 되었다. 이 과정에서 야생의 자연과 대지는 더러운 것이며 야만적인 것으로, 따라서 감추고 순화해야 할 것으로 인식되었다. 인간이 자신의 못난 얼굴을 감추고 치장하기 위해 얼굴에 화장을 하고 온몸을 성형하는 것처럼, 자연을 감추고 순화시키기 위해 개발하고 성형하게 된 것이다.

인간의 외모를 성형하는 것처럼 자연의 대지를 성형하는 작업은 돈과 권력을 엄청나게 모을 수 있는 사업이었고, 자연을 지배하고 새롭게 만들어낼 수 있다는 헛된 자만심과 능력을 과시할 수 있게 했다. 자연은 개발 성형으로 점차 순수함을 잃어 인간과 닮게 되었고, 인간은 이렇게 인간화된 자연을 보고 마치 천지를 창조한 신처럼 흡족해 했다. 그러나 자연이 인간화되는 과정에서, 자연의 일부분인 인간도 자연성을 상실하고 자연으로부터 소외되어버렸다. 이러한 자연의 성형은 인간의 자기 성형과 닮은꼴로 이루어졌다.

인간이 언제부터 자신의 얼굴이나 신체를 성형하게 되었는지는 알 수 없을 정도로 오래되었지만, 현대적 의술에 의한 성형수술은 1990년대부터 유행하기 시작했고 2000년대 들어 가속화되었다. 급기야 2007년 대한민국은 인구 대비 성형수술 비율 세계 1위의 국가가 되었다. 한 연구자는 이러한 현상을 프랙탈fractal 이론으로 설명한다(이찬규, 2009). 이 이론에 의하면 부분이 전체를 닮아가는 자기 유사성을 추구하는 것처럼, 한국 도시인들의 성형 붐은 자신이 살고 있는 도시의 자연을 성형하는 도시 개발(디자인)과 밀접한 관련성을 가진다는 것이다.

이러한 이론적 설명을 제시하지 않더라도, 잘사는 동네에 가면 성형한 미인이 많을 뿐 아니라 웅장한 아파트단지들이 조성되고 도로경관이나 주변 하천도 말쑥하게 정비되어 있는 것을 볼 수 있다. 통계자료에 의하면, 도시 내에서도 성형수술 환자가 많은 지역은 개발도 월등히 많이 이루어지고 있다. 이러한 사실은 도시인의 신체 성형과 도시 자연의 성형이 어떤 공통점을 가질 뿐만 아니라 같은 메커니즘에 의해 이루어진다는 가설을 유추하도록 한다.

성형의학은 처음에는 인체의 선천적 기형이나, 자동차 사고, 화재 등으로 인한 신체적 장애를 고치기 위해 발달했다. 그러나 오늘날 성형외과는 쌍꺼풀이나 코·입·눈, 골격, 가슴 확대 등의 수술을 하기 위해 기다리는 환자 아닌 환자로 가득 차 있다. 한번 성형하기 위해 드는 비용은 수백만 원에서 수천만 원에 이를 정도이고, 돈이 없는 사람은 성형을 할 수도 없다. 달리 말하면, 성형외과는 '돈이 되는 과'이고 전공의들의 지원 경쟁률이 월등히 높은 분야이기도 하다.

자연을 성형하는 국토 건설이나 도시 개발 사업은 처음에는 늘어나는 산업과 인구를 수용하려는 목적에서 도시의 건설과 공단, 도로, 항만 등 실제 생활과 생산에 필요한 물리적 인프라를 구축하기 위해 진행되었다. 그러나 국토나 도시의 자연 성형 사업에 참여한 건설 기업과 여타 부동산 관련 업자들은 많은 돈을 벌었고, 점점 더 큰 사업을 찾아 불필요한 개발 사업까지 하게 되었다. 이러한 사업을 추진한 정치가들은 자연의 성형 업적을 자신의 정치적 업적으로 과시하고 자랑했다.

국토 자연의 성형사

한국의 자연 성형 역사는 조선시대 이전으로 거슬러 올라갈 수 있지만, 근대적 국토 성형 사업은 일제 강점기에 시작되었다. 일제는 한반도와 만주를 침략하기 위해 남북을 관통하는 경부선과 경의선을 부설했고, 본국에 필요한 쌀을 증산하기 위해 간척 사업을 추진했으며, 대규모 수력개발을 하기 위해 압록강을 막아 수풍댐을 건설하기도 했다. 이들은 해방 후 경부축을 중심으로 한 지역불균형 사업의 원조였고, 대규모로 자연을 파괴하는 갯벌 매립이나 댐건설 사업의 전형이 되었다.

일제라는 외적 힘에 의해 추진되었던 이러한 성형 사업은 제국 권력의 위용을 드높이는 역사적 프로젝트였지만, 조선의 노동자들을 강제로 동원해 자원을 수탈하기 위한 사업이었다. 또한 이 사업들은 산허리를 잘라내고 갯벌을 매립하고 강물의 흐름을 중단시키는 자연파괴적 국토 성형의 기원이 되었다. 국토를 외적으로 성형한 또 다른 사건은, 해방 후 한반도의 허리를 철조망으로 가로막는 남북 분단, 그리고 동족상잔의 비극과 함께 민족의 산천을 황폐화시킨 6.25전쟁이었다. 그러나 역설적으로 인간의 접근이 금지되었던 비무장지대는 분단의 아픔 속에서 얻은 귀중한 자연의 보고로 남아 있다.

우리의 손에 의해 국토 자연의 성형이 본격화된 것은 1960년대 이후이다. 쿠데타로 등장한 군사독재정권은 자본주의적 경제성장을 주도하면서 산업화와 도시화에 필요한 대규모 택지 및 공단 개발, 엄청난 용수와 전력 개발을 위한 댐 건설, 급증한 유통 물량을 위한 고속도로와 항만 확충 등을 추진했다. 이로 인해 도시 주변의 농지나 임야가 사라지고, 대규모 인공호가 만들어졌으며, 엄청난 토지가 수몰되거나 파괴되었다. 이러한 국토 자연 성형을 통해 자본축적을 위한 물적 토대가 형성되었고, 독재 권력은 자신의 역할을 정당화하고자 했다.

근대적 국토 성형 정책에는 경제성장에 필요한 사업뿐 아니라 근대화된 대한민국의 모습에 어울리지 않거나 감추고 싶은 부분을 개조하는 사업도 포함되었다. 대표적으로 한강 개조 사업을 들 수 있다. 한강은 1968~1970년 한강개발3개년 계획에 따른 제방 건설과 택지 조성, 그리고 1982~1986년 한강종합개발사업에 따른 수중보의 건설로 제 모습을 잃어버리고 거대한 콘크리트 제방과 보로 둘러싸인 호수가 되었다. 대한민국의 경제성장을 상징했던 '한강의 기적'은 사실 '한강의 소멸'을 전제로 한 것이었다.

이러한 한강 성형 사업은 대부분의 도시를 관통하거나 그 주변을 흐르는 크고 작은 하천들을 모두 콘크리트 제방으로 직강화하는 모범을 보였다. 그뿐만 아니라 폐수로 오염된 도시의 작은 하천들은 복개되고, 인간에 의해 더럽혀진 자연의 추한 모습은 감추어졌다. 그리고 그 위에 도로와 건물이 즐비하게 들어섰다. 그러한 예로 1969년에는 흙탕물이 흐르던 청계천을 복개한 3.1고가도로가 건설되었고, 주변 판자촌을 철거한 후 세워진 3.1빌딩은 근대화된 서울의 새로운 랜드마크가 되었다.

또 다른 사례로 시화지구와 새만금지구의 해안매립사업을 들 수 있다. 바다에 수십 킬로미터에 달하는 방조제를 축조해서 해안을 매립하고자 한 이 사업은 실제 새로운 토지가 필요했기 때문에 추진된 것으로 보이지 않는다. 오히려 이 사업은 국가 재정을 투입해 건설자본에 새로운 투자 기회를 제공하기 위해 계획된 것처럼 보인다. 그뿐만 아니라 당시 정치권력은 이러한 대규모 개발사업을 자신의 치적으로 홍보하는 한편, 떡고물이 떨어지기를 기다렸던 것(또는 요구했던 것)으로 보인다. 이러한 무모한 국토 자연의 성형에 대한 시민들의 반대로 시화지구사업은 포기되었지만, 새만금사업은 이에 아랑곳하지 않고 지금까지 추진되고 있다.

현 단계 국토 성형의 특성

1990년대 이후 대량생산·대량소비 체제가 성숙하면서 국민들의 물질적 소비 수준이 높아지고 사회적 부가 상당히 축적됨에 따라 국토 성형 사업은 새로운 방식으로 전환되었다. 과거 자연의 모습을 무시한 채 경제성장이나 권력 과시를 위해 국토를 성형했던 방식이 점차 심각한 문제점을 드러냄에 따라, 자본이나 국가는 이른바 친환경적, 생태적, 녹색, 그린이라는 별별 이름을 다 붙여 국토와 도시를 성형했다. 명목상으로만 녹색도시를 건설하고 녹색공단을 조성했으며 녹색산업, 심지어 녹색골프장을 추진한 것이다.

그러나 생태계의 보고라 일컬어지는 갯벌을 파괴하는 매립사업은 계속되고, 골프장이나 유흥시설들의 증설로 자연 녹지의 훼손은 가속화되고 있다. 도시의 무분별한 팽창과 난개발로 주변의 농지나 임야는 파괴·소멸되고 있고, 이를 막기 위해 설정되었던 개발제한구역(그린벨트)은 거의 해제되고 이름만 남았다. 도시뿐만 아니라 국토의 척추라고 불리는 백두대간 산림생태계도 도로, 댐, 채광, 채석, 산림벌채사업 등으로 지속적으로 망실되고 있다.

최근에는 명목상으로만 친환경적·생태적인 도시 성형 사업이, '명품'이라는 이름으로 자행되고 있다. IMF 이후 침체된 지역경제를 살리기 위해 수도권의 지자체들은 앞을 다투어 뉴타운 명품도시 건설을 내세웠다. 한 지자체 장의 설명에 의하면, "명품 신도시란 첫째, 규모가 커야 하고, 둘째, 친환경, 저밀도, 고품질로 만들어야 한다"(≪경향신문≫, 2007. 1. 29)라고 한다. 명품 도시가 왜 대규모여야 하는지 알 수 없지만, 결국 친환경 명품 도시 건설이란 실제로는 화려한 대형 고급아파트를 많이 지어 개발 이익을 챙기려는 속셈을 감추고 있는 사업으로 이해된다.

물론 실제 파괴·오염된 자연을 복원하는 성형 사업도 일부 이루어지고 있다. 복개 또는 직강화된 하천의 콘크리트 구조물들을 허물고 자연형 하천으로 복원하는 사업이 그 예이다. 그러나 이 사업의 유행에 따라 급조된 생태 하천은 말라버리거나 큰 비로 훼손되어, 도시 내 또 다른 흉물로 방치되거나 많은 비용을 소모하며 인공적으로 관리되고 있다. 청계천 복원이 대표적인 사례이다. 복원된 청계천은 도심 환경을 개선하고 시민들의 자연 친화적 휴식처를 제공한다고 하지만, 3870억 원의 사업비가 투입되었고, 연간 230억 원의 유지비가 소요되고 있다.

이러한 하천 성형 사업은 이를 조성한 정치가의 치적으로 간주되면서 겉으로만 환경 친화적인 모습을 보이고 있을 뿐 진정한 자연 복원과는 거리가 멀다. 그럼에도 과시적 업적에 맛을 들인 정치가들은 더 큰 자연 성형 사업을 추진하고자 한다. 그 예로 이른바 '4대강 살리기' 사업을 들 수 있다. 이 사업은 더욱 허황되었던 '한반도 대운하' 계획이 국민들의 반대로 축소된 것으로 22조 원에 달하는 엄청난 재정이 투입되었다. 그러나 이 사업은 진정으로 자연을 살리지도 못했고, 경제성장에도 별다른 도움이 되지 못했다. 결국 국민의 혈세만 낭비한 사업이었다. 달리 말해 이 사업은 국토와 도시 성형에 중독된 집단, 즉 이를 통해 이윤 추구의 새로운 기회를 얻으려는 건설자본과 자신의 업적으로 과시하려는 정치권력이 진행한 무모한 토목사업이었다고 평가할 수밖에 없다.

국토 성형 중독으로부터의 탈피

성형수술로 대한민국의 고전적 미인이 사라지고, 대신 성형 미인으로 표준화되고 있다고 한다. 국토 자연 역시 천편일률적으로 성형된 모습으로 탈바꿈하고 있다. 그러나 그 결과, 우리 자신과 우리의 삶터인 국토는 표준화되었고 이로 인해 우리는 상호 차이에 근거한 타자성을 상실하게 되었다. 그뿐만 아니라 순수한 자연성의 거부로 메마른 인간성이 초래되었고 이로 인해 우리는 서로에게 소외되고 존재론적으로 불안정한 상황에 처하게 되었다. 그런데도 신체의 성형과 국토와 도시의 성형은 줄어드는 것이 아니라 왜 점점 더 늘어나고 대규모화되는가?

성형에 중독된 사람은 사회적 열등감과 비현실적 기대감 등의 이유로 성형에 집착한다고 한다. 성형중독 환자는 자신의 외모가 추하고 결함투성이라는 강박관념을 가지고, 아무리 수술을 해도 만족하지 못하는 병적인 집착을 가지고 있다고 한다. 그러나 그 결과 이들은 기존의 외모마저 파멸시키는 파국을 맞게 된다. 물론 이러한 성형 중독은 단순히 개인적 문제가 아니라, 얼짱·몸짱 증후군처럼 외모를 중시하고 이를 개인의 능력으로 치부하는 이상한 사회풍조에 의해 조장된다.

이러한 외모 지상주의는 개인적 콤플렉스를 넘어서 도시나 국토의 자연 성형에 대한 강박관념으로 확장되고 있다. 물론 도시재생사업에 열중하고 있는 국토해양부의 사이트에서, 한 연구자는 자신의 사업이 단지 외모 성형 사업만은 아니라고 주장한다. "얼굴만 고친 미인들은 살다 보면 얼마 안가서 추악한 것들이 다 드러납니다. 도시를 고치면 다시 몇십 년 아니 몇백 년을 살아야 합니다. 그러니 더욱더 마음이 아름다워진 진정한 미인으로 도시를 재생시켜야 합니다"(박희경, 2009). 그러나 이러한 발언은 진정한 미인은 재생·성형되지 않는 자연미를 가진 사람이라는 점을 간과하고 있다.

신체 성형을 통해 미인이 되기를 꿈꾸는 사람처럼, 사람들은 자신의 삶터를 성형하기를 꿈꾼다. 국토와 도시를 성형해서 더 많은 돈을 벌고 싶은 자본가와 더 많은 권력을 가지고 싶어 하는 정치가들은 높은 산을 헐고, 흐르는 강물을 막고, 콘크리트로 새롭게 치장해 성형된 외모 경관에 집착하며 어떤 희생을 감수하고라도 그 꿈을 실현시키고자 한다. 이들에게 자연의 순수한 아름다움 따위를 생각해볼 겨를은 없다. 국토와 도시 성형에 대한 이들의 중독은 결국 자본에의 의지, 권력에의 의지를 표출하는 것일 따름이다.

신체 성형의 중독은 환자 개인의 파멸로 끝나지만, 자연 성형의 사회적 중독은 전체 국민의 파멸과 국토의 황폐화를 초래한다. 성형 중독은 궁극적으로 가시적 외모의 파괴뿐만 아니라 정신의 파괴도 초래한다. 성형 수술로 서로의 모습이 표준화된다면, 차이가 없어서 평등하게 될 것처럼 보이지만, 대한민국 사람들은 획일화된 얼굴로, 획일화된 아파트에서, 획일화된 도시 경관을 바라보며 살아가야 한다. 그리고 우리는 신체와 국토의 성형으로 인해 초래된 존재론적 차이의 박탈로 정신적 소외감을 겪게 될 것이다.

자본에의 의지, 권력에의 의지로 인한 국토 성형의 중독으로부터 벗어나기 위해, 장 자크 루소Jean Jacques Rousseau는 "자연으로 돌아가자"라고 외쳤다. 카를 마르크스Karl Heinrich Marx는 인간 본성의 재인간화와 함께 자연의 재자연화를 위해 새로운 프로젝트를 요구했다. 프리드리히 니체Friedrich Nietzsche는 자연의 탈인간화와 더불어 자연의 순수한 개념을 얻을 수 있는 인간의 재자연화를 자신의 사명으로 선언했다. 그러나 이들 이후 100년,

200년이 지났음에도 인간에 의한 자연의 성형 프로젝트는 없어지지 않고 끈질기게 이어져 오늘날 더욱 만연하고 있다.

신체와 자연의 성형에 중독된 역사로부터 벗어나기 위해 자연과 인간 본성에 대한 새로운 성찰이 요구된다. 우선 근대화 과정에서 인간의 모습으로 성형된 자연을 탈인간화해야 할 것이다. 자연의 탈인간화란 자본과 권력에 의한 자연의 인간화뿐 아니라 이들에 의한 의사적 재자연화(녹색화)로부터 탈피하는 것이다. 진정한 재자연화는 선과 악을 초월한 순수한 자연, 무도덕적 자연 속에서 인간 본성에 내재된 자연을 긍정하는 삶을 살아가는 것이다. 물론 이러한 자연성을 회복하기 위해서는 신체 성형으로 상실된 인간 본성을 되찾을 수 있도록 자기 자신과 타자의 정체성과 차이를 상호 인정해야 한다.

2010.5.25.

제 1 장

경제와 국토 공간

1 창조경제, 경제민주화, 지역균형발전

2 국토균형발전과 지역공동체 경제

3 영남권 네트워크도시화의 가능성과 과제

1-1

창조경제, 경제민주화, 지역균형발전

'창조경제'란 무엇인가?

'창조경제'는 정부가 내세운 국정 운영의 핵심 주제이다. 박근혜 대통령은 후보 시절 선거운동 과정뿐 아니라 취임 후 각종 회의 등 기회가 있을 때마다 경제민주화와 더불어 창조경제를 부각시켰다. "창조경제는 과학기술과 산업이 융합하고, 문화와 산업이 융합하고, 산업 간의 벽을 허문 경계선에 창조의 꽃을 피우는 것"(≪중앙일보≫, 2013.2.25)이라고 취임사에서 강조한 일은 대표적인 사례이다. 창조경제를 추진할 핵심 부서로 미래창조과학부가 우여곡절 끝에 신설된 것도 대통령의 강력한 의지 때문이다.

그러나 박근혜정부는 출범 직후부터 창조경제와 경제민주화가 왜 필요한지, 그리고 그것을 어떻게 추진할 수 있는지를 명확히 하지 않음으로써 국민들을 혼란에 빠뜨렸다. '경제민주화'는 그 이전부터 많은 논란을 거치면서 의미와 수단이 다소 분명해졌지만, 정부가 이를 실현할 의지나 능력이 있는지는 매우 불확실했다. 재벌 중심의 경제 지배 구조에 대한 규제나 대기업과 중소기업 간 공정 경쟁을 위한 정부의 정책들은 자본과 기득권 계층의 반대에 부딪쳐 취소 또는 완화되고 있다.

'창조경제'의 개념과 정책은 더욱 혼란스럽다. 좁은 의미로 창조경제란 과학기술의 발달과 문화 창달에 바탕을 둔 경제로, 소프트웨어, 방송, 영화, 음악, 출판, 공연예술, 건축과 공예 등을 포함하는 것으로 정의된다. 그러나 정부는 더 넓은 의미, 즉 "창조경제는 과학기술 한 분야에 국한되는 것이 아니고 산업 전 분야에 걸쳐서 기존의 패러다임을 바꾸는 것"으로 이해하고 이를 추진하고자 한다.

물론 창조경제는 어떤 새로운 산업 분야의 성장을 촉진하는 것이 아니라, 모든 산업분야에 걸쳐 추진되어야 할 경제적 패러다임의 변화를 요구하는 것으로 이해되고 추진될 수 있을 것이다. 그러나 그렇게 하기 위해서는 이 개념 또는 정책이 종합적이고 체계적이어야 하며 동시에 구체적인 내용을 갖추어야 한다. 또한 창조경제가 실질적인 내용을 갖추기 위해서는 지리적 뿌리내림(착근성)이 이루어져야 한다. 현 정부의 '창조경제' 정책은 구체적인 지역성이 결여되어 있기 때문에 더욱 피상적이 되었다.

창조경제와 경제민주화

현 정부가 추진하고자 하는 창조경제는 개념적으로 혼란스럽고 정책적으로 아직 완성 단계에는 도달하지 않았지만 앞선 정부들의 국정운영 전략이나 정책과는 비교될 수 있다. 즉, 박근혜정부의 창조경제는 저탄소녹색성장을 내세우면서 실제로는 토건사업에 전력을 기울였던 이명박정부의 정책 기조와는 큰 차이를 보인다. 명목상일지라도 경제민주화와 더불어 창조경제를 부각한 점은, 오히려 김대중정부의 지식기반경제 정책이나 노무현정부의 지역혁신경제 정책과 더 가깝다고 하겠다.

그러나 창조경제를 중심으로 한 정부의 정치 담론은 훨씬 강한 이데올로기적 성향을 내포하고 있다. 특히 정부가 추구하는 최우선 가치, 즉 '국민행복시대'의 구현이 창조경제에 달려 있다는 홍보는, 이 개념이나 정책을 노골적으로 이데올로기화하려는 의도를 드러낸다. 즉, 창조경제는 "국민 개개인이 지닌 창의적인 아이디어를 살려 이들에게 더 나은 삶을 제공함으로써 결국 온 국민이 행복해지는 경제"로 부풀려 해석되고 있다.

창조경제의 개념은 분명 규범적 측면을 내포하고 있다. 만약 모든 사람이 자신의 독특한 삶을 통해 형성된 상상력과 창의성을 가지고, 이를 창의적 자산으로 구축해 시장화함으로써 스스로 좋은 일자리를 만들고 높은 소득을 얻을 수 있다면 얼마나 좋겠는가? 그러나 자본주의 경제체제에서는 창조경제 역시 결코 인간이 주체가 되는 경제가 아니다. 오히려 창조경제는 인간이 가지는 독창적 사고나 문화마저도 경제적 자본과 상품으로 전환시키고자 하는 경제라고 할 수 있다.

사실 창조경제는 자본주의 경제 발전의 전환기적 특성을 반영한 것이다. 그동안 한국 경제는 노동과 자원 등 생산 요소의 양적 투입 확대에 의한 외연적 성장에 의존해왔다. 그러나 이러한 요소투입형 경제가 한계에 달함에 따라 연구개발 및 기술혁신에 기반을 둔 지식기반형 내포적 성장으로의 전환이 필요하게 되었다. 창조경제란 기존의 요소투입형 물질적 생산 경제에서 연구개발과 기술혁신형 비물질적 생산 경제로 전환하기 위해 필요한 지식과 문화 그리고 창의성을 동원하기 위한 전략이라고 할 수 있다.

자본주의 경제의 발전 단계라고 할지라도, 창조경제가 성공적으로 실현되려면 그 특성에 적절한 전제 조건이 충족되어야 한다. 즉, 모든 개인이 상상력과 창의력을 함양해서 창의적 자산을 구축할 수 있는 자유로운 사회적 분위기와 공정한 거래 질서가 구축되어야 한다. 창조경제를 위해서는 연구개발과 기술혁신을 위한 대학 및 연구기관의 자율성, 그리고 이를 통해 형성된 창의적 자산의 공정한 시장화가 필수적이다.

대학과 연구기관의 자율성이 무시되고 연구와 교육이 획일적으로 통제되는 상황에서, 독점자본이 시장을 지배하고 대기업과 중소기업 간 불공정 거래가 관행화된 상황에서 창조경제는 결코 실현될 수 없다. 이러한 상황에서 창조경제가 국민행복시대를 가져다줄 것이라고 홍보하는 것은 단지 국민들을 현혹시키기 위한 이데올로기에 불과하다. 경제 주체의 자율성과 경제 구조의 민주화가 보장되지 않는 상태에서 창조경제란 불가능할 것이며 단지 허구적 상상의 경제에 지나지 않을 것이다.

창조경제와 지역균형발전

경제 민주화와 더불어 지역 착근성은 창조경제가 성공하기 위해 필요한 또 다른 조건이다. 창조경제는 창의성을 가진 개인에서 출발해, 창조적 기업/산업, 창조적 도시/사회로 확산된다. 창조경제는 창의성을 가진 개인들의 대면적 접촉과 이를 통해 새로운 아이디어를 창출할 수 있는 협력적 관계를 전제로 하기 때문이다. 따라서 창조경제를 활성화하기 위해서는 창의성이 구현될 수 있는 조건, 즉 창조적 생태계 또는 창조환경이 요구된다. 창조경제는 창조적 인력이 선호하는 사회공간적 환경을 조성함으로써 창조적 기업을 육성한다. 즉 창조경제는 창조적 산업을 발전시킬 수 있는 지역의 사회적 제도와 환경적 여건을 전제로 한다.

이러한 점에서 창조경제는 기존의 지역혁신과 개념적 유사성을 가지지만, 또한 다른 측면도 가지고 있다. 지역혁신론 또는 클러스터 이론은 혁신기업에 초점을 두고 이들 간 집적과 네트워크를 통해 시너지를 얻을 수 있는 지역혁신 환경을 강조한다. 혁신 클러스터론에서는 기업들이 집적과 네트워킹을 통해 혁신을 추구해 생산성을 증대시키고 새로운 일자리를 창출한다. 창조경제론은 지역혁신론과 마찬가지로 대면적 접촉과 사회적 자본에 기반을 두지만, 클러스터 이론과는 달리 창조적 인력이 운집한 곳에 이들을 활용하기 위해 기업이 집적하게 된다는 점을 강조한다. 즉, 창조계급의 유치와 창조도시의 구축이 창조기업/산업의 입지에 우선한다.

이러한 점에서 창조경제는 창조도시를 전제로 한다. 창조도시란 창의성을 가진 인력을 배양하고, 이들의 아이디어가 창조적 생산 활동으로 연결될 수 있도록 하는 환경을 갖춘 도시를 말한다. 찰스 랜드리Chalrles Landry가 정의한 바에 의하면, 창조도시란 “독자적인 예술 문화를 육성하고 지속적이고 내생적인 발전을 통해 새로운 산업을 창출할 수 있는 능력을 갖춘 도시, 인간이 자유롭게 창조적인 활동을 함으로써 문화와 산업의 창조성이 풍부하며 혁신적이고 유연한 도시경제 시스템을 갖춘 도시”를 말한다.

창조경제는 이와 같이 스스로 착근할 수 있는 공간적 환경, 즉 창조도시를 필요로 한다.

이러한 창조경제의 공간적 속성과 창조도시의 개념으로 보면, 창조경제를 활성화하기 위한 정부의 도시 및 지역 정책이 매우 중요하다. 그뿐만 아니라 창조경제의 성공을 위해 정부의 공간 정책이 필요한 또 다른 이유가 있다. 만약 정부가 지역에 대한 고려, 특히 지역균형발전을 전제로 하지 않은 채 창조경제 전략을 추진할 경우 지역불균형이 더욱 심화될 수 있다. 이 경우 경제적 측면에서 국토 공간의 잠재력이 제대로 활용되지 못할 뿐만 아니라 정치적 측면에서 지역 갈등이 더욱 노정될 것으로 우려된다.

사실 한국에서 이러한 창조환경이 가장 잘 조성되어 있는 곳, 즉 연구개발과 고기능 인력 등이 밀집해 있는 곳은 기존 대도시인 서울과 수도권이다. 따라서 정부가 지역균형발전에 대한 고려 없이 창조경제를 위한 정책적 지원을 강화할 경우, 결국 가장 유리한 창조환경을 갖춘 수도권이 가장 큰 혜택을 볼 것이다. 서울과 수도권에 자본과 권력뿐 아니라 창조경제의 거름이 될 수 있는 연구개발과 기술, 교육과 문화 등 모든 것이 집중되어 있는 상황에서, 다른 도시나 지역이 창조경제의 중심지로 발전하기란 거의 불가능하다.

창조경제의 주창자들은 "창조경제를 통해 수도권과 지역, 대도시와 중소도시의 균형 발전을 이룬다면 지역에서 창의성에 기반을 둔 창조적 성장 동력을 조성할 수 있으며, 따라서 일자리도 창출할 수 있을 것"으로 기대한다. 그러나 분명 과학기술 및 창의적 인력에 대한 정부의 지원이 낙후지역을 발전시키거나 완전히 새로운 도시를 창출할 것이라고 기대하기는 어렵다. 오히려 창조경제의 개념과 정책은 지방도시나 지역의 사회적 인프라보다 수도권 경제에 더 많은 예산을 투자하는 것이 훨씬 효율적이라는 논거를 제공할 수도 있다. 이러한 이유로 국토의 불균형 발전을 심화시키지 않으려면, 정부는 창조경제와 함께 지역균형발전을 항상 염두에 두고 정책에 반영해나가야 할 것이다.

진정한 창조경제를 위하여

현대 사회는 물질적 생산이 아니라 창의성에 바탕을 둔 비물질적 지식기반사회로 발전해나가고 있다. 이러한 점에서 현 정부가 추진하고 있는 창조경제 정책은 대규모 토건사업을 일으켜 경제성장과 지역개발을 추구했던 과거의 정책에 비해 분명 진일보했다고 할 수 있다. 특히 창조경제는 물질적 생산의 한계에 봉착해 침체된 경제를 회복시키고, 자원고갈과 기후변화 등에 따른 지구적 규제를 극복하기 위해서도 매우 유의미한 전략이라 할 수 있다.

그러나 이러한 창조경제는 기본적으로 두 가지 조건을 전제한다. 첫째, 그 주체들이 창의성을 발휘할 수 있는 자유로운 사회적 분위기와 이를 공정하게 거래할 수 있는 경제민주화를 전제한다. 둘째, 창의성이 지역적으로 착근할 수 있는 창조환경의 조성, 즉 창조도시의 건설과 지역균형발전을 전제한다. 이러한 경제민주화와 지역균형발전이 전제되지 않은 창조경제는 결국 실패할 수밖에 없을 것이다.

2013.4.30.

1-2
국토균형발전과 지역공동체 경제

'지역균형발전협의체'의 구성

2014년 새해에는 대부분의 지방신문에 공통된 기사가 하나 실렸다. 수도권을 제외한 자치단체들이 정부의 수도권 규제 완화에 대응하기 위한 논리 개발에 공동으로 착수한다는 내용이었다. 비수도권 13개 지자체로 구성된 '지역균형발전협의체'는 이 논리를 개발하기 위해 '수도권 규제 완화 정책 대응방안'이라는 연구 과제를 발주하고, 그 결과를 5월 하순에 발표할 예정이라고 했다.

비수도권 지자체들의 이러한 공동 대응은 2013년 7월 정부가 발표한 부동산 투자 활성화 대책에 대한 우려에서 시작되었다. 박대통령이 신년 구상에서 언급한 '경제혁신 3개년 계획'은 수도권과 비수도권 간 양극화에 대한 우려를 부채질한 것으로 보인다. 이 구상이 아니더라도, 2013년 발표했던 '규제 개선 중심의 투자활성화 대책'은 분명 수도권 부동산 활성화 대책이라고 할 만했다.

이 대책은 여러 문제를 안고 있었다. 우선 이 대책은 부동산시장에 대한 투자를 활성화해서 침체된 경기를 부양하겠다는 데 문제가 있다. 과거 정부들도 이런 전략을 자주 시행했지만, 박근혜정부가 추진하고 있는 이 대책은 국정의 기본 화두인 '창조경제'와는 전혀 맥락이 닿지 않는다. 또 다른 문제는 대책의 핵심이 도시 주변 난개발을 막기 위해 지정된 계획관리지역의 규제 완화였다는 점이다. 이 정책의 실효성은 도시 주변 난개발 붐을 전제로 한 것이라는 점에서 문제가 제기되기도 했다.

또 다른 문제는 이러한 계획관리 지역이 용인, 여주 등 수도권 주변 도시 지역들에 집중되어 있다는 점이다. 이에 따라 이 대책이 효과를 발휘하면 수도권 도시의 인근 토지들은 새로운 투기와 개발 바람에 휩싸이게 된다. 이같이 문제투성이인 투자 활성화 대책이 정부의 기대만큼 효과를 거두지 못한 것은 오히려 다행이라고 할 만하다.

새로운 지역발전 전략과 논리

수도권 규제 완화가 가속화되면 기업의 지방 이전이 위축될 뿐만 아니라 그나마 지방에 있는 기업도 수도권으로 이전할 것이다. 실제 1990년대 이후 이러한 과정이 계속되어왔다. 2000년대 중반 계획된 당시 노무현정부의 지역균형발전정책에 따라 정부 부처 상당수가 세종시로 이전하고 있으며, 많은 공기업이 각 지방의 혁신도시로 이전하고 있다. 현 정부의 수도권 규제 완화 정책은 이러한 과정에 찬물을 끼얹는 격이라고 할 수 있다.

다른 한편으로는 비수도권 지자체들도 수도권 관련 정책에 너무 민감하게 저항하는 것은 바람직하지 않다. 이제는 수도권에 입지한 기업이나 공공기관의 지방 이전을 무조건 요구할 것이 아니라, 자신의 지역에 이들이 입지할 수 있는 조건을 스스로 조성해나가야 한다. 지역에 잠재된 인적·물적·상징적 자산을 활성화해서 새로운 경제발전을 위한 원동력을 만들어내는 것이 중요하다.

지역의 새로운 발전 전략이나 논리는, 기업하기 좋은 도시가 아닌 사람이 살기 좋은 도시를 지향해야 한다. 창조경제 또는 창조도시 개념이 나름대로 의미를 가지는 것은 창조적 인재를 우선 양성해야 창조적 산업이 뒤따라 입지한다고 주장하기 때문이다. 현대 도시의 발전은 기업 활동을 우선시하는 물리적 인프라의 구축이 아니라, 인간다운 삶을 위한 쾌적한 환경과 공동체 공간의 조성에 좌우된다.

이와 같이 지역의 진정한 발전은 시장과 기업을 위한 투자가 아니라 사회(공동체)와 사람을 위해 투자하는 경제, 즉 지역공동체 경제에 기반을 두어야 한다. 지역공동체 경제는 지역사회의 내생적 발전을 위한 투자를 확대해서 지역공동체 구성원의 일자리와 소득이 늘어나고, 삶의 질이 향상될 수 있는 경제이다. 이는 이윤 추구를 우선시하는 기업 논리나 신자유주의적 시장 논리가 아니라 사람들이 더불어 살아가야 한다는 공동체 논리에 따른 것이다.

지역공동체 경제를 향하여

물론 지역공동체 경제는 한 지역에 폐쇄된 경제가 아니다. 오늘날 각 지역은 결코 고립된 경제체제로 존립할 수 없다. 지역 단위의 단순한 내생적 발전에서 벗어나 지역·도시 간 연계성과 상호보완성을 강화한 네트워크 경제를 조성·발전시킬 필요가 있다. 한 지역의 공동체 경제는 권역 경제 네트워크의 결절을 구성하면서, 지역 간 연계를 통해 발생한 상호보완성, 즉 시너지효과를 발휘해서 지역 내·지역 간 경제발전을 추동해나갈 수 있을 것이다.

수도권 지역은 이미 촘촘히 짜인 종주도시형 네트워크도시군을 구축하고 권역 밖으로 그 영향력을 확산시키고 있다. 그러나 영남권이나 호남권은 그렇지 못하다. 때로는 권역 내 도시나 지역들 간의 심각한 대립으로 공동의 이익에 관련된 사안을 제대로 실현시키지 못하기도 한다. 영남권 신국제공항 입지 선정을 둘러싼 지역 간 갈등이 대표적인 사례이다. 호남권이나 충청권 역시 마찬가지일 것이다.

국토균형발전을 위해서는 지방의 지자체들 간 협력과 네트워크의 구축에 바탕을 둔 지역공동체 경제가 필수적이다. 마침 2013년 11월 영남권의 5개 지자체는 '수도권 블랙홀'을 막자는 취지로 경제공동체 결성을 위한 기본 구상을 발표했다. 대구·경북과 부산·울산·경남이 협력해 '영남경제공동체'를 구축한다면, 수도권에 대응할 수 있을 뿐 아니라 동북아의 새로운 중심 경제권을 만들어낼 수도 있을 것이다.

2014.1.15.

1-3
영남권 네트워크도시화의 가능성과 과제

한국의 도시체계와 네트워크도시론

1960년대 이후 본격화된 한국의 도시화 과정과 근대적 도시체계의 구축은 경험적 측면에서 수도권과 영남권, 특히 동남 임해 지역을 중심으로 양극화되는 양상을 보였다. 성장거점이론에 바탕을 두었던 국토개발정책은 투자가 우선적으로 이루어졌던 도시나 지역의 성장 효과가 그 주변지역으로 파급되어 권역이 발전할 것이라고 추정했지만, 국토 공간의 불균등발전은 오히려 점점 더 심화되었다.

특히 1990년대 이후 지구지방화 과정 속에서 전개된 신자유주의적 도시화는 인구 및 산업의 수도권 재집중화를 촉진함으로써 수도권과 비수도권 지역 간 격차를 증폭시키고 서울을 중심으로 한 단핵 중심 도시체계, 즉 새로운 종주도시화를 촉진시킨 것으로 분석되고 있다. 이로 인해 대도시

권역 간 및 권역 내 네트워크 구조가 변화했으며, 국토 공간의 불균등발전과 더불어 수도권과 비수도권은 각각 과밀과 침체의 문제를 겪게 되었다.

이러한 도시체계의 변화와 특성을 분석하기 위해 몇몇 연구자는 네트워크도시 이론을 원용해 전국의 도시체계가 네트워크도시에 준하는가를 고찰하고자 했다. 네트워크도시 이론은 일정 권역 내 도시 및 지역 간의 수평적이고 상호보완적인 연계성에 바탕을 두고 사회공간적 발전을 추구하는 도시체계 또는 지역발전에 관한 이론이다. 네트워크도시란 "두 개 이상의 독립적인 도시들이 상호보완적으로 협력하고 교통 및 통신 시설 등의 인프라를 연계해 집적 경제를 달성한" 도시(군) 또는 도시권역을 말한다.

이와 같이 네트워크도시 이론은 일정 범위 내 도시들이 교통통신시설 인프라에 의해 연계되고, 이 연계를 통해 기능적으로 상호보완적 협력관계를 구축함으로써 개별 도시들뿐 아니라 네트워크로 연계된 전체 도시지역이 발전할 수 있다고 주장한다. 이 이론은 1990년대 여러 학자에 의해 제시된 후, 2000년대 들어 많은 연구자에 의해 세계의 여러 도시나 지역에 원용되었다. 네트워크도시론은 전통적 도시체계이론의 주류를 이루었던 '중심지이론'을 대체할 수 있는 이론이며, 특히 네트워크도시의 발달은 상대적으로 중소규모의 도시들이 상호보완성을 통해 권역의 발전을 추구한다는 점에서, 단일 거대도시를 중심으로 발달하는 세계도시 지역의 대안으로 간주되고 있다.

이러한 네트워크도시 이론은 한국 도시체계의 역사적 발전이나 현재적 특성을 규명하기 위한 경험적 분석 및 도시체계의 규범적 발전을 위한 정책 제안에 원용될 수 있다. 그러나 그동안의 연구 결과는 다소 상반된 결과를 보여주고 있다. 한 연구에서는 한국 전체 도시를 대상으로 네트워크도시체계 여부를 분석한 결과, 인터넷 시설에서 지방 도시들을 중심으로 허브-스포크Hub and Spoke망을 구축하고 있지만 고속도로망과 항공망은 지방 도시의 상호 연계성이 미약해서 한국의 도시체계 전체를 네트워크도시라고 판단하기는 어렵다고 주장한다(최재헌, 2002). 반면 다른 연구에서는 한국 도시체계 전체 또는 일부가 네트워크도시 메커니즘에 의해 구축되어 있다고 주장하면서, 이 이론이 한국 도시체계에서 도시의 효율성을 평가하는 데 적합한 이론이라고 제안한다(김주영, 2003).

한국의 도시체계 전체가 네트워크도시체계라고 할 수 있는가의 여부는 어떤 지표를 이용해서 어떤 방식으로 측정하는가에 따라 서로 다른 결론이 도출될 수 있을 것이다. 그러나 사실 네트워크도시 이론은 전국의 도시체계를 분석하기 위한 틀이 아니라 네트워크경제와 함께 집적경제의 효과를 동시에 거둘 수 있는 상대적으로 제한된 권역 내 도시체계를 전제로 한다.

각 권역 내 도시체계의 변화와 특성에 관한 연구들도 제시되고 있다. 그 예로 수도권의 네트워크도시의 가능성을 탐색한 한 연구에 의하면, 네트워크도시의 특성(규모중립성, 상호보완성, 수평적 접근성 등)에 관한 자료를 분석한 결과 "수도권은 공간적 여건에도 불구하고 네트워크도시로서의 성격을 규정짓는 몇 가지 지표들을 중심으로 판단해볼 때 아직은 네트워크도시체계보다는 중심지 도시체계에 가까운 유형으로 판단"된다고 결론 내린다(손정렬, 2011). 반면 네트워크도시 이론을 원용해서 동남권 도시들을 분석한 한 연구에서는 동남권의 교통 네트워크의 구축, 도시 간 독립성의 유지, 기능적 분화를 통한 상호의존성과 연계가능성, 권역 내 중소도시들의 높은 성장률 등을 살펴본 결과, 동남권의 "주요 도시의 독립성과 상호의존성, 성장 특징은 네트워크도시의 특징을 명확히 보여"준다고 주장한다(권오혁, 2009).

네트워크도시 이론을 국내에 적용한 연구들을 검토해보면, 기존 연구들은 상이한 규모의 권역을 설정하고, 상이한 지표 및 분석 기법을 활용했음을 알 수 있다. 이러한 연구를 통해 도출된 결론이 그 권역의 실제 특성에 기인하는 것인가, 또는 설정한 권역이나 활용한 지표와 기법의 차이에 기인하는가에 대한 의문이 제기될 수 있다. 또한 네트워크도시에 속하는 도시나 지역들의 포괄 범위, 즉 권역의 설정이 중요한 과제가 된다.

네트워크도시의 권역은 경험적 차원에서 실제 도시들 간 네트워크에 기초를 두고 설정되거나, 정책적 측면에서 일정 범위 내 도시 및 지역 발전을 위해 네트워크를 구축할 목적으로 설정될 수 있을 것이다. 만약 경험적 차원에서 권역을 설정한다면, 도시들 간 네트워크의 분석 이후 연계성의 정도에 따라 권역이 설정될 것이다. 그러나 규범적 정책을 목적으로 권역을 설정하고자 한다면, 경제적·정치적(행정적) 특성의 동질성이나 연계성과 함께 역사적·사회문화적 측면도 고려해서 우선 권역을 설정한 후, 도시들 간 네트워크를 분석해 권역 내 연계성을 강화시킬 수 있는 정책적 방안을 모색해야 할 것이다.

영남권 네트워크도시체계 분석

영남권은 1990년대 이전까지 수도권과 더불어 발전의 주요 축이었고 여러 도시가 발전되어왔지만, 그 이후 경제침체에 빠져 있다. 영남권 도시들은 회랑도시의 특성을 가지지만 도시 간 상호보완적 관계를 구축하지 못해 시너지 효과가 나타나지 않고 있을 뿐만 아니라, 권역 내 도시보다는 서울 및 수도권 도시와의 연계성을 강화시키고 있는 것으로 추정된다. 특히 이러한 역외 연계성은 수평적 관계라기보다 수직적 관계를 전제로 한 의존성(또는 종속성)을 함의한 것으로 이해되고 있다. 즉, 한국의 인구와 산업은 수도권에 재집중되어 있으며 도시체계는 지방의 도시들(중소도시는 물론이고 대도시들까지)이 권역 내 상호연계성을 가지지 못한 채 서울에 의존하는 양상을 보이는 것으로 추정된다.

그러나 네트워크도시론을 원용해 영남권 도시 및 지역 간 연계성을 국가교통 DB센터에서 제공하는 화물통행량 자료(2012년)와 도시별 인구성장 자료를 예비적으로 고찰해보면, 조금 다른 결과가 나타난다. 화물통행량 자료의 분석은 기능적 연계성을, 인구성장 관련 자료는 형태적 연계성을 파악하기 위해 흔히 사용된다. 우선 전국의 3대 권역 내 및 권역 간 화물통행량을 보면 일반적인 추정과는 달리 영남권 내 화물통행량은 다른 권역에 비해 상당히 많은 반면, 영남권이 다른 권역으로 유출하거나 다른 곳에서 유입하는 화물량은 상대적으로 적은 것으로 나타난다. 즉, 2011년 영남권 내부 화물통행량은 42억6800만 톤으로 수도권(강원 포함) 및 호남충청권(제주 포함)보다 더 많고, 다른 권역으로의 유출량은 17억 8800만 톤, 다른 권역으로부터 유입량은 11억 2200만 톤으로 다른 권역들에 비해 적다(〈표 1.3.1〉). 이는 화물통행량으로 볼 때 영남권은 다른 권역에 대한 의존도는 낮은 반면, 자립성은 높음을 의미한다.

〈표 1.3.1〉 전국 권역 간 화물통행량(2011년, 단위: 백만 톤/년)

	수도권	호남충청권	영남권	합계	타권역 유출
수도권	385.6	140.6	64.5	590.7	205.1
호남충청권	108.0	307.5	47.7	463.2	155.7
영남권	96.8	82.0	426.8	605.6	178.8
합계	590.4	530.1	539.0	1,659.5	-
타권역 유입	204.8	222.6	112.2	-	-

주: 수도권과 호남충청권은 각각 강원 및 제주를 포함함.

영남권 내 광역지자체들 간 화물통행량을 보면, 다섯 개 지자체들 가운데 물동량이 가장 많은 경남은 수도권 및 호남충청권과 상대적으로 많은 교류를 하는 것으로 나타나며, 권역 내에서는 부산과의 교류량이 많은 것으로 나타난다(〈그림 1.3.1〉). 경북 역시 수도권 및 호남충청권과 많은 교류량을 보이며, 권역 내에서는 부산 및 울산으로부터 화물유입량이 많은 것으로 나타난다. 부산은 권역 내 수출입 항만기지 역할을 하기 때문에 수도권, 호남충청권뿐만 아니라 권역 내 경남, 경북, 울산으로도 화물유출량이 많은 것으로 나타난다. 반면 울산은 자체 내 화물통행량은 경북보다 많지만 다른 권역뿐만 아니라 권역 내 다른 지자체들과의 교류도 많지 않은 것으로 나타난다. 또한 화물통행량이 가장 적은 대구는 다른 권역뿐만 아니라 권역 내 다른 지자체와의 교류도 상대적으로 적은 것으로 나타난다. 이러한 화물통행량의 특성에 따라 예비적으로 판단하면, 영남권 광역지자체들 간 연계성이 명확하게 네트워크도시의 패턴을 보인다고 주장하기는 어렵다.

화물통행량(도시별 유출 및 유입의 합계)을 영남권 내 도시들 간 흐름으로

〈그림 1.3.1〉 광역지자체들 간 화물통행량(2012년, 단위: 백만 톤/년)

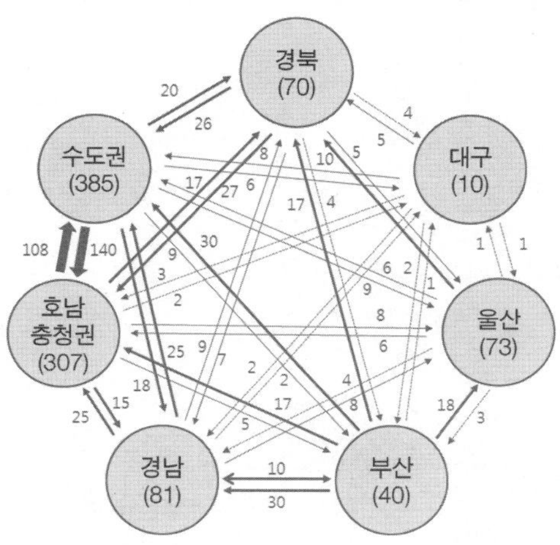

살펴보면(〈그림 1.3.2〉), 부산을 중심으로 김해, 거제, 창원, 부산 울산, 경주, 포항 간에 강한 연계가 나타나며, 또한 부산은 대구 및 구미와도 강한 연계를 구축하고 있다. 반면 경북 북부 지역의 김천, 상주, 문경, 영주, 안동은 다른 도시와의 연계성이 상대적으로 약한 것을 알 수 있다. 또한 대구를 중심으로 한 구미-대구-경산-영천-포항의 연계성은 상당히 높은 것으로 알려져 있지만, 실제로는 그렇게 높게 나타나지 않는다. 이와 같이 영남권 중남부 지역의 도시들에서 부산으로의 화물통행량이 많은 것은 부산의 항만 기능에 기인한 것이긴 하지만, 그런 부분을 제외하더라도 영남권 내에서 부산의 종주성(지배성)이 상대적으로 크다는 사실을 나타낸다고 하겠다. 그러나 부산의 종주성 정도는 수도권에서 서울이 가지는 종주성에 비해 작으며, 울산, 창원, 대구 등의 중심성은 상대적으로 큰 다중심적

〈그림 1.3.2〉 2012녀 영남권 도시들 간 화물통행량

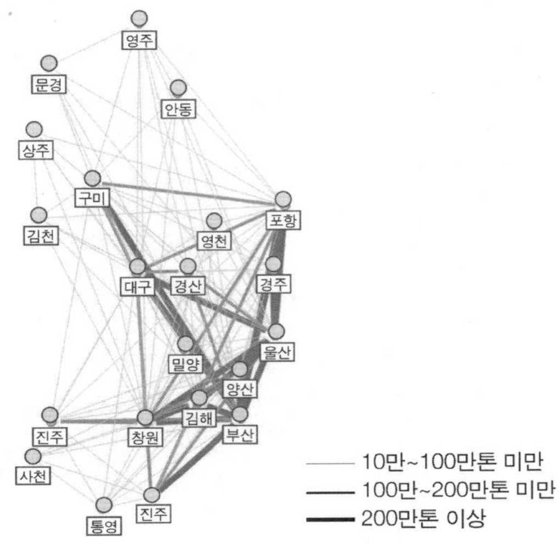

도시 지역의 특성을 보이는 것으로 추정된다.

이러한 두 가지 지표에 더해, 영남권 도시들의 인구성장률을 살펴보면, 1970년대 이후 도시 순위 규모분포는 전국적 차원에서 종주도시체계화되는 것으로 추정되지만, 영남권 내 도시체계만으로 보면 점차 정규분포로 나아가는 추세를 보인다(〈그림 1.3.3〉). 이러한 추세는 영남권 내에서 부산이나 대구와 같은 대도시보다는 중소도시들이 상대적으로 더 많이 성장했음을 보여준다. 그러나 중소도시라 할지라도 권역 내 도시들의 인구성장은 크게 두 가지 유형으로 구분된다. 즉, 〈그림 1.3.4〉 에서 (가)군에 속하는 도시들, 대표적으로 김해, 거제, 진해, 양산, 구미, 경산, 울산, 그리고 대

〈그림 1.3.3〉 영남권 도시 순위 규모분포 변화

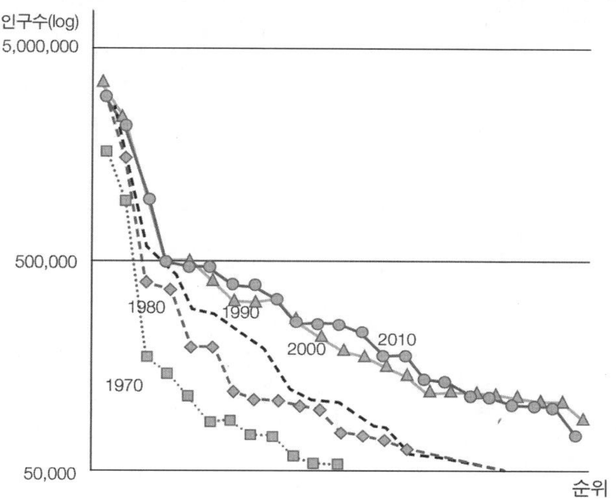

〈그림 1.3.4〉 영남권 도시의 인구성장률(2000~2010년, 단위: 천 명, %)

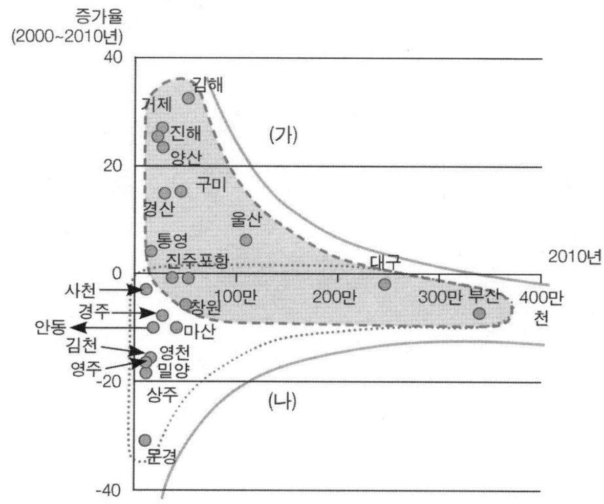

주: 창원시는 2010년 통합 이전과 이후로 나눔.

구와 부산 등은 대체로 네트워크도시의 양상을 보인다고 할 수 있다. 반면 경북 북부지역의 문경, 상주, 영주 등과 마산, 창원, 영천 등은 부산과 대구를 상위도시로 한 중심지도시의 양상을 보이고 있다. 이와 같이 간단한 지표들만으로 영남권의 도시체계가 네트워크도시인가의 여부를 평가하기는 어렵지만, 점차 네트워크도시체계로 나아가고 있다고 하겠다.

영남권 네트워크도시화를 위한 정책 과제

네트워크도시 이론은 이와 같이 영남권의 도시체계가 네트워크도시인가에 관한 경험적 연구에 적용될 수 있지만, 또한 이 이론을 적용해서 영남권 지역발전을 위한 규범적 정책의 제안에도 원용될 수 있다. 1990년대 지방자치제가 본격적으로 시행된 이후, 도시 및 지역의 지방정부들은 중앙정부와의 관계에서 상대적인 자율성을 가지고 다양한 정책을 입안·시행할 수 있게 되었다. 물론 중앙정부와의 관계에서 보면 지방정부의 권한은 아직 미흡하고, 이로 인해 한편으로 더 많은 자율성과 권한이 지방정부에게 이양되어야 한다는 주장도 제기되고 있다. 그러나 중앙정부로부터 실제 권한이 부여된다고 할지라도, 지방정부들이 더 커진 권한을 합리적이고 효율적으로 행사할 수 있는 능력을 가지고 있는지 의문이 제기될 수 있다. 그뿐만 아니라 현재 상황에서 지적될 수 있는 문제점은 지방정부들 간 과열 경쟁으로 인해 정책 이슈를 둘러싼 갈등 양상이 빈번하게 발생하고 있다는 사실이다.

이러한 점에서 개별 지방정부의 능력을 강화할 뿐 아니라 지방정부들 간 협력체계를 구축하는 것이 반드시 필요하다. 최근 영남권의 광역지자체들 간 협력을 위한 노력이 강구되고 있음은 네트워크도시의 개념과 협력적(또는 다중심) 거버넌스의 함의를 반영한 것이라고 할 수 있다. 그러나 영남권 내 지자체들 간에는 본격적인 협력체계가 구축되지 못해서 갈등을 유발하고 있는 다양한 이슈가 산재해 있다(예를 들어 영남권 국제공항 입지 선정, 부산시나 대구시의 상수도 취수장 이전 문제 등). 이러한 문제를 해소하고 침체된 지역의 사회경제적 발전을 도모하기 위해 네트워크도시체계와 협력적 거버넌스의 구축을 통해 개별 지방정부의 역량을 강화하고 동시에 지방정부들 간 협력을 배가할 수 있는 정책적 방안을 모색할 필요가 있다. 이러한 점에서 네트워크도시 이론의 관점에서 영남권 지역발전을 위해 다음과 같은 정책적 방안들을 제시할 수 있다.

첫째, 네트워크도시를 구축하기 위한 전제 조건으로 권역 내 도시 및 지역 간 교통통신 인프라를 확충하고 재정비할 필요가 있다. 그동안 한국의 교통통신체계는 기본적으로 서울과 수도권 간의 연계를 중심으로 구축되었으며, 권역 내 물리적 교통통신 인프라는 대체로 사안별 필요에 따라 조성되었다. 그러나 광역권 간 장거리 네트워크의 구축은 엄청난 인프라 투자비용을 요구할 뿐만 아니라, 결국 상호연계성보다는 일방적 의존성을 강화시키는 경향이 있었다. 권역 내 네트워크의 확충은 인프라 투자비용을 절감하는 한편 그 효과를 극대화할 수 있으며, 나아가 네트워크도시의 구축을 물리적으로 뒷받침할 수 있다.

둘째, 중앙정부에 의존한 프로젝트 사업을 유치하기 위해 다른 도시나 지방정부들과 경쟁하기보다는 권역 내 도시 간 경제적 상호 보완성과 연계성 강화를 통해 권역의 경제발전을 추구하고 세계도시 지역으로 발전할 수 있는 방안을 모색해야 한다. 이러한 경제적 네트워크의 강화는 노동의 분업, 산업 연계나 생산체계, 가치사슬 등의 관점에서 구축될 수 있다. 예를 들어 영남권 내 각 도시의 전문화를 촉진하는 한편 도시 간 분업체계를 구축하기 위해, 대구의 첨단기술산업, 경주의 문화산업, 포항 1차 금속산업, 울산의 화학 및 자동차 산업, 그리고 부산의 금융·물류산업 등을 특화시켜 집중 육성할 수 있을 것이다.

셋째, 영남권 지방정부는 대규모 인프라 시설의 입지나 필수 자원의 활용, 산업 간 공간적 분업의 효율성 증대, 정보 및 기술교류의 증진, 사회적 서비스와 여가시설의 공유 등을 촉진하고, 나아가 영남권이 수도권에 버금갈 뿐만 아니라 세계도시 지역의 수준으로까지 발전할 수 있도록 상호 합의와 협력을 강구할 수 있는 협력적 거버넌스를 구축할 필요가 있다. 즉, 영남권 다섯 개 광역지자체는 준상설 권역기구를 결성해, 권역 내에서 이루어지는 다양한 정책 과제를 공동으로 결정하고, 상호 연계와 협력 속에서 추진해나가는 것이 바람직하다.

넷째, 영남권 내 각 도시나 지역은 네트워크도시의 연계성이 자신의 도시나 지역에 뿌리를 내릴 수 있는 방안을 모색해야 한다. 즉, 네트워크도시에서 도시 간 산업 연계나 생산 체계에 바탕을 두고 역외 거래를 목적으로 한 기반경제와 각 도시의 소비와 노동력 재생산을 위한 비기반경제(공동체경제)가 상호관계를 가지고 효율적으로 작동할 수 있는 방안을 모색해야 한다. 또한 네트워크도시를 통해 실현된 경제발전의 효과는 역내외의 소수 기업이나 특정 집단(네트워크의 구축을 통해 이해관계를 실현시키고자 하는 이른바 '성장연합')에 돌아가는 것이 아니라 해당 도시나 지역의 주민 전체에게 혜택이 될 수 있도록 배분되어야 한다.

2015.1.

제 2 장

도시와 경제 공간

1 탈성장 시대, 새로운 지역발전 전략이 필요하다

2 지역불균형과 대구 첨단의료복합단지

3 대구경북경제자유구역 개발의 의의와 한계

2-1

탈성장 시대, 새로운 지역발전 전략이 필요하다

국가중심 성장에서 자치적 지역발전으로?

1960년대 이후 본격화된 한국의 경제성장은 기본적으로 국가에 의한 총량적 성장 전략에 기반을 두었다. 중앙정부가 모든 권한을 가지고 경제사회정책과 국토종합개발계획을 주도했고, 지방자치단체는 중앙정부가 수립한 정책이나 계획을 일방적으로 집행하는 역할을 담당했다. 이러한 중앙집권적 정부 정책에 의해 수립·집행된 사업들은 개별 지역의 특성을 반영하기보다 중앙 정치의 의사결정에 의해 좌우되었다.

1990년대 들어와 한국이 지방자치제를 시행하면서, 지방의 자치단체장과 의회 의원들을 지역주민들이 직접 선출하게 되었다. 이에 따라 국민들은 중앙정부가 가졌던 권한의 상당 부분을 지방정부에 이양·분산시킴으로써 지방 풀뿌리 민주주의가 실현될 것이라는 희망을 가졌다. 그리고 지방정부는 지역의 특성과 지역주민들의 의견을 반영한 지역발전 전략을 수립·시행해나갈 것으로 기대되었다.

그러나 이러한 지방자치제의 시행에도 중앙정부는 여전히 막강한 권한을 가지고 있으면서 지방정부를 좌지우지하려 한다. 한국은 자치적 지역발전으로 나아가지 못하고 여전히 국가중심 성장 체제를 유지하고 있다. 지방자치제가 시행된 이후 지방정부에 약간의 권한이 주어졌지만, 대부분의 지자체는 지역발전을 명분으로 역외 자본을 끌어들이기 위해 기업주의적 정책을 추진하는 데 온 힘을 쏟고 있다.

이와 같이 지방정부가 기업가처럼 정책을 추진하기 위해 내세운 대표적인 구호가 '기업하기 좋은 도시'라고 할 수 있다. 지하철이나 역 광장 또는 TV 광고에서 어떤 도시나 지역이 '기업하기 좋은 곳'임을 알리기 위한 홍보물을 흔히 볼 수 있다. 그러나 그러한 홍보를 통해서 실제 지방의 도시나 지역의 경제성장이 촉진되거나, 주민 삶의 질이 개선된 것처럼 느껴지지도 않는다. 지방 경제와 정치는 자율성을 가지지 못한 채, 기업주의적 정책을 내세우면서 실제로는 수도권의 경제와 정치에 의존하고 있다.

여전히 중앙정부에 의존하는 지방정부

지방정부는 지역 개발을 명분으로 역외 민간자본의 유치에 매달릴 뿐 아니라, 여전히 중앙정부에 의존해 경쟁적으로 예산을 확보하고자 한다. 지나간 사례이기는 하지만 2010년 대구에서 거행된 '지역발전주간' 행사는 대표적으로 이러한 모습을 보여주었다. 각 지역을 책임지고 있는 지자체의 수장이 다 모였을 뿐 아니라 대통령도 참석한 자리였다. 2008년부터 2년간 서울에서 개최되었던 '지역투자박람회'가 2010년에는 지방인 대구에서 열린 것이다. '지역투자' 또는 '지역발전'을 촉진하기 위한 행사를 서울이 아닌 대구에서 개최하고, 앞으로도 지방을 순회하면서 개최하기로 한 결정은 어찌 보면 당연한 것이라고 할 수 있다.

그런데 문제는 대구시와 경상북도가 이 행사의 유치를 강력히 희망하면서, 행사 개최를 빌미로 중앙정부로부터 무언가를 얻어낼 생각을 가진 것으로 보였다는 점이다. 행사에 참여한 대통령이 동남권 신공항이나 원자력벨트와 같은 지역 현안을 확정지어줄 것을 기대했던 모양이다. 그러나 이에 대한 아무런 언급이 없자, 지역의 유력 언론은 "'MB(이명박 대통령) 선물' 김칫국 마신 대구·경북"(≪매일신문≫, 2010.9.16)이라는 제목의 기사를 게재하기도 했다.

대구·경북은 아직도 과거 국가주도적 고성장시대의 향수에 빠져 있는 것처럼 보인다. 1970~1980년대는 국가가 주도적으로 국토개발을 선도하면서 높은 경제성장률을 달성했다. 이러한 상황에서 각 지자체는 중앙정부만 바라보고 더 많은 지원이 떨어지기를 고대할 수밖에 없었을 것이다. 그러나 이제 지자체들은 이런 중앙집권적 고성장시대는 지나갔음을 깨닫고 지역 스스로 발전 전략을 강구해야만 한다.

하지만 또 다른 문제는 지역 간 경쟁의 압박은 심화되는데, 중앙정부가 여전히 강력한 권력을 발휘하려 한다는 점이다. 행사의 핵심 과제는 '어떻게 하면 지역 간 경쟁에서 이겨 역내외 자본을 유치할 것인가'였다. 그리고 이 자리에 참석한 대통령은 중앙정부의 새로운 어젠다인 '공정사회'를 지역사회에서도 수용할 것을 강조했고, 대통령 자문 지역발전위원회는 광역경제권 구축이나 녹색성장, 4대강 사업에 지자체들이 따라오기를 원했다.

탈성장 시대, 새로운 지역발전 정책이 필요하다

지방정부든 중앙정부든 모두 이러한 과거의 관행으로부터 벗어나야 할 때이다. 이제 경제성장률은 3~4%도 달성하기 어렵다는 사실을 받아들여야 한다. 이러한 저성장 경향은 중앙정부의 일방적 지원이나 지자체들 간 과잉 경쟁으로는 결코 해결될 수 없다. 이제 우리 사회도 선진국처럼 고성장 시기를 지나 저(또는 탈)성장 시대로 진입했다고 할 수 있다. 우리 사회가 불가피하게 탈성장·탈중심 경제정치체제로 나아가고 있다면, 이에 필요한 새로운 지역발전 전략을 모색해야 한다.

물론 대구·경북 경제가 심각한 침체상황에 빠져 있는 것은 사실이다. 대구의 1인당 지역총생산은 1990년대 중반 이후 20년간 내리 꼴찌를 보이고 있고, 경북은 전국 평균보다 높긴 하지만 전국 대비 지역총생산이 차지하는 비율은 점차 하락하는 추세를 보이고 있다(〈그림 2.1.1〉, 〈그림 2.1.2〉). 이러한 상황에서 지방정부는 어떻게 해서든 침체된 경제를 살리기 위해 중앙정부에 의존해 역외자본을 끌어들이고 싶은 유혹에 빠질 것이다.

이와 같이 대구·경북 경제가 지속적으로 침체 상황을 벗어나지 못하는 것은 수도권과 비수도권 간 지리적 불균등발전에 일부 기인한다. 그러나 또 다른 이유는 2000년대 이후 한국의 경제성장률이 전반적으로 크게 둔화되었고 최근에는 3% 수준도 달성하기 어렵게 되었기 때문이라고 할 수

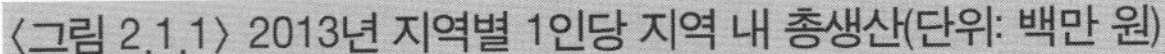
〈그림 2.1.1〉 2013년 지역별 1인당 지역 내 총생산(단위: 백만 원)

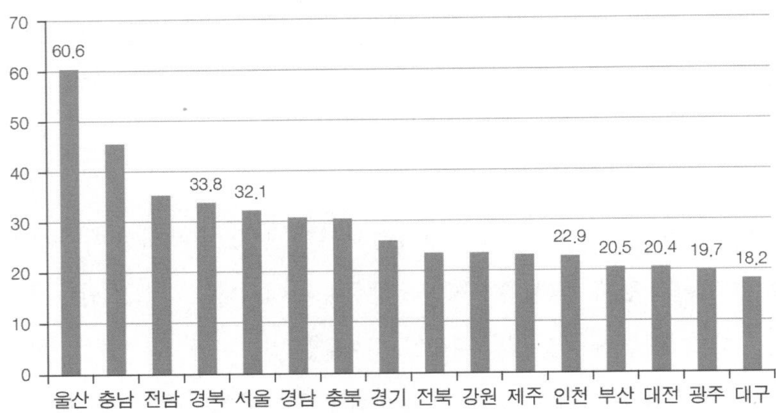

자료: 통계청, 국가통계포털(KOSIS), 일인당 지역내 총생산(시도).

〈그림 2.1.2〉 2003~2013년 대구·경북 지역의 1인당 지역 내 총생산(단위: 백만 원)

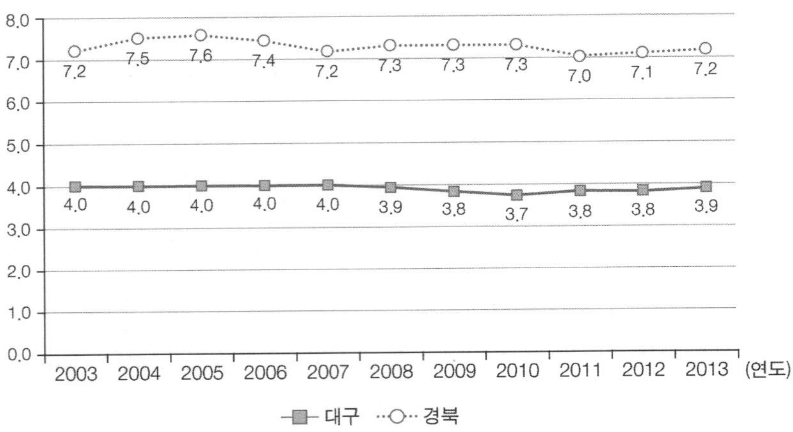

자료: 통계청, 국가통계포털(KOSIS). 일인당 지역내 총생산(시도).

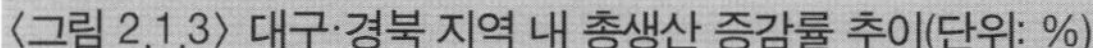
〈그림 2.1.3〉 대구·경북 지역 내 총생산 증감률 추이(단위: %)

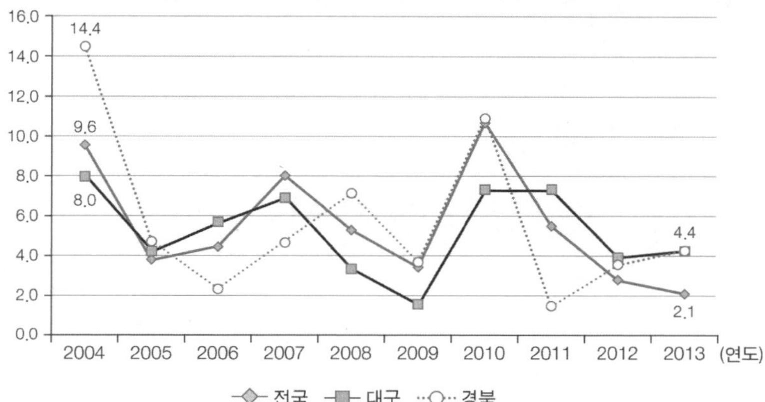

자료: 통계청, 국가통계포털(KOSIS). 일인당 지역 내 총생산(시도).

있다(〈그림 2.1.3〉). 따라서 대구·경북을 포함한 비수도권의 도시와 지역들은 국토의 불균등발전에 대한 대책 수립과 더불어 앞으로 도래할 저성장시대를 필수적으로 대비해야 한다.

앞으로 각 도시나 지역은 과거와 같이 개발정책을 경쟁적으로 시행함으로써 높은 성장률을 달성할 것이라고 기대해서는 안 된다. 새롭게 개발을 하기 위해서는 역외 자본을 유치하기보다는 그동안 개발 과정에서 무엇이 문제였던가를 성찰해보고, 그 문제들을 꼼꼼히 해결해나가는 지역밀착형 성찰적 발전 전략이 요구된다. 또한 도시와 지역은 중앙정부에 의존한 채 서로 경쟁과 대립, 갈등할 것이 아니라 권역별로 협력적 거버넌스를 구축해서 협력과 보완을 통해 함께 발전해나갈 수 있는 상호연계(네트워크)형 발전 전략을 수립하는 것이 중요하다.

2010.9.16.

2-2
지역불균형과 대구 첨단의료복합단지

대구, KTX의 최대 수혜도시인가, 피해도시인가?

많은 사람이 경부고속철도KTX의 최대 수혜도시로 대구를 꼽는다. 과거 서울까지 새마을열차나 고속버스로 3~4시간 걸리던 것이 KTX를 타면 2시간도 채 되지 않아 도달할 수 있기 때문이다. 그러나 서울을 중심으로 수도권에 모든 것이 집중된 상황에서, 이러한 이동 시간의 단축은 대구를 포함한 지방의 의료, 교육, 쇼핑, 여가 활동이 수도권에 더욱 의존하도록 만드는 역효과를 가져올 수 있다.

이러한 역효과의 주요한 사례로, 대구 사람들이 우수한 병원을 찾아서 서울을 방문하는 빈도가 높아질 것이라는 우려가 나오기도 했다. 서울 소재 대형 병원의 의료 기술과 서비스가 더 나은 것처럼 인식되는 한편, 사람들의 소득 수준이 높아지고 건강과 질병에 대한 관심도 커지면서, 생명을 담보로 한 의료 서비스만큼은 서울에서 받아야 되겠다는 사람들이 늘어나기 때문이다. 경부고속철도의 개통은 이러한 생각을 현실화하는 데 중요한 계기가 될 것으로 예측되었다.

대구의 의료산업과 이용 현황

분명 서울을 중심으로 수도권에 거의 모든 산업 활동이 재집중되고 있으며, 특히 새로운 서비스 산업이 집중적으로 발전하고 있다. 교통통신 기술의 발달은 이러한 국토불균등발전에 상당한 영향을 미치는 것으로 이해할 수 있다. 보건의료 및 사회복지서비스업 전체를 보면, 2004년 경부고속철도가 개통된 후 대구의 매출액 증가는 서울, 부산, 인천, 광주 등에 비해 저조했다(〈표 2.2.1〉). 물론 이러한 현상은 대구 경제가 전체적으로 침체했기 때문이기도 하지만, 여타 요인들로부터 영향을 받은 것으로 분석될 수도 있다.

그러나 대구의 의료산업만을 보면, 아직 지역 내외에서 상당한 이용자들을 확보하고 나름대로 발전하고 있는 것으로 나타난다. 즉, 〈표 2.2.2〉에서 볼 수 있는 것처럼, 2013년 대구 거주 환자들 가운데 대구 지역 내 의료기관 이용자의 비율은 92.4%로 대도시들 가운데 가장 높게 나타나고 있다. 또한 대구 소재 의료기관들이 2013년에 받은 진료비 가운데 지역 내 환자들이 부담한 비율은 76.5%로 부산, 인천 등 다른 도시들에 비해 낮은 편이며, 나머지 23.5%는 다른 지역에서 온 환자들이 부담한 것이다.

〈표 2.2.1〉 등의 자료에 의하면, 대구의 보건의료 및 사회복지서비스업

〈표 2.2.1〉 보건의료 및 사회복지서비스업 매출액(단위: 십억 원)

	전국	서울	부산	대구	인천	광주	대전	울산
2006년	42,486	11,545	3,215	2,299	2,073	1,419	1,574	928
2013년	88,227	24,131	6,696	4,504	4,435	2,973	2,910	1,790
2013년 구성비(%)	100.0	27.4	7.6	5.1	5.0	3.4	3.3	2.0
2006~2013년 증가율(%)	107.7	109.0	108.3	95.9	113.9	109.5	84.9	92.9

자료: 통계청, KOSIS 지역 통계.

〈표 2.2.2〉 대도시별 의료이용 현황(2013년, 단위: 백만 일, 천억 원)

		서울	부산	대구	인천	광주	대전	울산
환자 거주지 관내외 진료	입내원 일수	188.8	81.3	52.1	54.9	31.2	32.4	22.9
	관내 입내원 일수	168.3	75.1	48.2	46.1	28.0	29.7	20.5
	관내 비율(%)	89.2	92.3	92.4	83.9	89.4	91.7	89.4
의료기관 소재지 관내외 진료비	진료비	135.2	47.2	32.3	26.2	20.0	19.4	11.1
	관내 진료비	89.8	39.6	24.8	22.5	14.2	14.4	9.6
	관내 비율(%)	66.5	83.9	76.5	85.9	71.0	74.5	87.2

자료: 국민건강보험, 2013년 지역별 의료이용 통계연보.

은 다른 도시들에 비해 상대적으로 침체되어 있다고 할 수 있다. 그러나 대구의 의료산업만 분리해서 보면, 대구 거주 환자들은 대구 소재 의료기관을 상대적으로 많이 이용하고 있으며 동시에 대구 소재 의료기관은 지역 외 이용자들을 많이 확보하고 있는 것으로 확인된다.

첨단의료복합단지 조성의 의의

마침 이러한 상황에서 2009년 8월 대구 신서혁신지구가 충북 오송과 함께 첨단의료복합단지 유치 지역으로 선정되었다. 물론 첨단의료단지의 조성은 지역 병원의 진료 수준을 직접 향상시키는 것이 아니라 신약개발센터, 첨단의료기기 개발지원센터, 첨단임상시험센터 등 의료기기 및 의료 관련 서비스의 지원을 목적으로 하고 있다. 이러한 의료지원센터들의 조성과 연구개발 역량의 강화는 지역경제 발전뿐 아니라 지역 의료 수준의 향상에도 크게 기여할 것이 분명하다.

첨단의료복합단지 사업은 그동안 선진국에 의존했던 의료산업의 자주성을 확보하고, 국가의 미래 전략산업을 육성할 목적으로 추진된다는 점에서 그 의의가 크다고 하겠다. 이를 통해 기업과 연구기관 그리고 대학 들이 힘을 모아 의료산업 집적 클러스터를 구축함으로써 연구개발, 임상시험, 제품 생산으로 이어지는 일련의 과정을 체계적으로 연계하는 것이 가능해질 것이다. 정부는 이러한 단지 조성을 위해 향후 30년간 국가 예산과 민간자본 5조 600억 원을 투입할 예정이며, 기대되는 효과로 의료산업 45조 원, 여타 파급 효과 37조 원 규모의 지역경제성장, 그리고 38만 명 이상의 고용 창출이 나타날 것으로 추정되고 있다.

첨단의료복합단지 선정의 한계

그러나 이러한 첨단의료복합단지의 선정에 문제는 없었는가를 한번 돌이켜볼 필요가 있다. 우선 지적해야 할 점은 지역 선정 발표가 나기 서너 달 전만 해도 단지를 한 곳만 조성키로 최종 정리해놓고 결국 두 지역을 선정했다는 사실이다. 이와 같은 복수 지역 선정은 정부의 노골적인 정치적 배려(또는 개입)에 기인한 것으로 보이지만, 한정된 예산 투입을 분산시킴으로써 효과를 반감시킬 것으로 우려된다. 그뿐만 아니라 단지 지정을 둘러싸고 모두 열 곳에 달하는 지자체가 과잉 경쟁을 했고, 그 과정에서 불필요한 노력과 비용이 투입되었으며 지역 선정이 결정된 후 탈락한 지자체들은 심각한 불만을 드러냈다.

그보다 중요한 점은 왜 첨단의료단지가 서울이나 수도권이 아니라 지방에 조성되어야 하는가에 대한 설명이 없다는 사실이다. 첨단의료단지의 지방 입지는 지자체의 각종 개발사업과 연계함으로써 클러스터의 효과를 배가시킬 뿐만 아니라, 전국적으로 지역균형발전에 이바지할 수 있을 것이라는 논리 때문이라 할 수 있다. 이명박정부 이후 국토균형발전이라는 어젠다가 사라지고 있지만, 국토균형발전은 어떤 정권의 선호나 불호의 문제가 아니라 전체 국민이 지향해야 할 중요한 현실 과제임을 직시하고 그 추진 방안을 모색해야만 하는 규범적 당위라고 할 수 있다.

2009.9.15.

보론: 대경의료단지의 조성 과정과 중간 실적

대구경북 첨단의료복합단지(이하 대경의료단지)는 수도권 공공기관들이 이전하는 대구혁신도시(442만m^2)의 중심부에 위치한 부지에 108만m^2 규모로 조성 중이다. 2038년까지 총 4조 6000억 원이 투입되는 대규모 사업으로, 2013년 단지 기반 공사가 마무리되었으며, 신약개발, 첨단의료기기 개발, 동물실험, 임상시험 신약 생산 등 정부 핵심연구시설과 지자체 시설인 커뮤니케이션센터도 준공되었다.

대구경북에서는 일곱 개 의과대학에서 국내 전문 의료인의 20%를 배출하고 있다. 또한 19개 대학교의 의료 관련 학과 수는 총 227개로, 매년 4만여 명의 전문 인력이 양성되고 있다. 단지 내 기업 유치도 점차 증가하는 추세로, 2014년 8월 현재 한국뇌연구원과 한의학연구원 분원, 3D 융합기술 지원 센터 등 3개 기관, 18개 기업을 유치했다. 또한 바이오 의료연구개발 업체 등 여러 기업이 단지 내 입주 승인을 받았다.

대구시도 대경의료단지를 활성화하기 위해 지원을 강화하고 있다. 시는 한시적 조직이던 첨단의료산업국을 존치해서 대구의료단지가 본 궤도에 오를 때까지 직접 챙기기로 했다. 특히 대구시가 중점을 두고 있는 사항은 연구개발과 환경을 결합한 기업지원시스템, 우수한 인력이 유기적으로 연결되는 연계지원시스템, 기업 유치로 활력 넘치는 단지 조성 등이다.

이를 위해 이 지구에는 다양한 규제 특례가 적용되고 있다. 그러한 예로, 외국 의료인에게 단지 내 의료연구개발 목적의 의료행위를 허용하고, 생산시설 기준에 미달되는 의약품·의료기기 품목 허가 취득을 가능하게 하며, 연구목적 의약품·의료기기 수입 허가 및 신고를 간소화해주고, 외국인 연구자에 대한 체류 기간을 연장(2년에서 5년)하는 등 인센티브를 주고 있다. 또한 세제 지원 제도로 소득세, 법인세의 경우 국내 기업은 3년간 면제

〈표 2.2.3〉 첨단의료복합단지 비교

구분	대구 경북	충북 오송
전체 면적	130만m^2	113만m^2
분양가(3.3m^2)	197만 원	38만 원
1차 분양률	36%	100%
1차 분양기관	9곳	23곳

자료: ≪매일경제≫(2013.8.8).

후 2년간 50% 감면을, 외국투자기업은 5년간 면제 후 2년간 50% 감면을 시행하고 있으며, 취득세와 재산세의 경우 국내 기업은 10년간 면제 후 3년간 50% 감면, 외국투자기업은 15년간 면제를 시행하고 있다.

그러나 이러한 정책적 노력에도 불구하고 대경의료단지는 충북 오송에 조성되는 첨단의료 복합단지에 비해 분양실적이 저조하고 투자 유치도 부진하다. 사실 대경의료단지의 전체 분양 면적 46만 8600m^2 가운데 2013년 7월까지 분양된 곳은 16만 8300m^{2}로, 분양률은 36%에 지나지 않았다(〈표 2.2.3〉). 또한 의료단지와 함께 시너지 효과를 내야 하는 대구 연구개발특구(의료 R&D지구)의 1차 분양률도 전체 면적(108만m^2) 기준으로 12%에 그쳤다.

반면 오송의료단지는 같은 시기 60여 개 대기업과 중견기업이 분양을 받았거나 공장을 가동 중이다. 이 단지는 1차 분양 당시 23개 기관이 입주해 100% 분양을 기록했다. 이러한 차이를 유발한 주요 요인으로, 오송의료단지의 경우 분양가가 평당 38만 원대였던 반면, 대경의료단지는 분양가가 평당 197만 원대로 오송에 비해 다섯 배가량 비쌌고, 향후 사업계획에서도 현실성이 떨어진다는 지적을 받았다.

지리적 입지 여건으로 볼 때도, 오송의료단지는 수도권과의 접근성, 정부기관들이 입주한 세종시와 인근 생명과학단지와의 연계 효과 등에서 좋은 반응을 얻었다. 이러한 점에서 오송의료단지에는 관련 기관과 기업이 활발하게 투자를 하고 있는 것과 비교해보면, 내외적 조건이 상대적으로 떨어지는 대경의료단지는 아직 실적이 상당히 초라한 것으로 평가된다. 앞으로 대경의료단지의 발전을 위해 대구·경북 지역의 지자체는 물론이고 의료관련기관들과 지역주민들의 적극적인 관심과 지원이 긴요하다.

2013.8.8.

2-3

대구경북경제자유구역 개발의 의의와 한계

지구지방화와 경제자유구역 개발 정책

경제자유구역(FEZ) Free Economic Zones 이란 "외국인 투자기업의 경영환경과 생활여건을 개선하고, 각종 규제 완화를 통한 기업의 경제활동 자율성과 투자 유인을 최대한 보장해서 외국인 투자를 적극적으로 유치하기 위한 특별경제특구"로 규정된다. 특구로 지정된 지역은 "다양한 세제 혜택, 자유로운 경제활동을 위한 규제 완화, 편리한 생활환경과 간편한 행정서비스 제공으로 자유롭고 폭넓은 기업 활동을 보장"하게 된다.

이러한 경제자유구역의 설립은 외국인 투자와 거주에 유리한 국제화된 기업환경과 생활환경을 조성해 외국 자본의 유치를 촉진함으로써 선진 산업구조로의 전환을 도모하고 국제적 기업 활동의 중심 거점을 육성하는 것을 목적으로 한다.

이러한 경제자유구역 개발 정책은 다양한 관점에서 설명될 수 있겠지만, 최근 전개되고 있는 신자유주의적 지구지방화 과정을 배경으로 추진된 정책이라 할 수 있다. 즉, 이 정책은 자본주의 경제의 지구지방화 과정에서 촉진되는 시장 개방과 역외자본의 유치를 위해 특정 지역을 선정해서 다양한 신자유주의적 특혜 조건들을 허용하는 전략이라고 할 수 있다.

사실 한국은 1997년 IMF 경제위기 이후 외적으로 강제된 신자유주의적 정책을 통해 자본주의 경제의 지구화 과정에 편입하고자 했지만, 국내 경제의 침체와 국제 경쟁력의 약화로 어려움에 처해 있었다. 「인천경제자유구역백서」에 의하면, 경제자유구역은 "우리 경제가 처한 이러한 대내외적인 어려움을 극복하기 위해서 출범했다. 기업 정책 및 규제를 일시에 개선하기 어려운 상황에서 …… 선진적 기업환경을 조성하기 위한 전략적 수단으로 활용함으로써 경제특구는 과감한 규제 완화, 시장원리의 구현, 기업 특성에 맞는 탄력적인 제도 운영의 시험 무대"로 간주되었다.

정부는 2002년 경제자유구역 관련법을 제정해서, 2003년 세 개 경제자유구역(인천, 부산/진해, 광양만권 경제자유구역)을 지정하고 각 구역을 관리하는 경제자유구역청을 개설했으며, 추가로 2008년 세 개 구역(대구/경북, 황해, 새만금/군산 경제자유구역), 2013년 두 개 구역(동해안권, 충북경제자유구역)을 지정하고 구역청을 개설했다(〈표 2.3.1〉). 이러한 경제자유구역은 역외자본의 유치 등 자본주의 경제의 지구화 과정을 지방적으로 수용하기 위한 과정이라고 할지라도, 구역이 설정되는 지역의 특성을 반영해 특정 산업과 생활환경을 조성하고자 한다는 점에서 자본주의 경제의 지방화 과정과 결합된다. 그러한 예로, 경제자유구역들 가운데 현재 가장 앞서가고

〈표 2.3.1〉 경제자유구역 지정 현황

명칭	인천	부산/진해	광양만권	황해	대구/경북	새만금/군산	동해안권	충북
위치	연천 (연수, 중·서구)	부산 (강서), 경남 (창원)	전남 (여수, 광양), 경남 (하동)	경기 (평택)	대구, 경북 (포항, 영천, 경산)	전북 (군산, 부안)	강원 (강릉, 동해)	충북 (청원, 충주)
면적 (km^2)	132.91	52.90	77.71	4.39	22.01	28.60	8.25	9.08
지정일	2003.8	2003.10	2003.10	2008.4	2008.8	2008.4	2013	2013
완료 예정	2022	2020	2020	2020	2020	2020	2024	2020
기본 구상	항공물류, 바이오, 지식 서비스	복합물류, 첨단수송 기계, 여가·휴양	석유화학 소재, 철강 연관 산업, 항만 물류	자동차 전자부품, IT 관련 부품소재	IT 융복합 첨단수송 기계, 첨단 메디컬	자동차 부품, 신재생 에너지, 해양 레저관광	금속· 신소재, 항만물류, 관광레저	바이오, 뉴 IT, 수송부품

자료: 경제자유구역 홈페이지.

있는 인천 경제자유구역의 경우, 인천이 가지는 지리적·역사적 특성을 경제자유구역의 설정과 추진에 최대한 활용해 동아시아 항공물류의 거점이자 세계적인 바이오·지식서비스산업 단지를 조성하고자 한다.

이러한 경제자유구역의 지정과 개발은 기업의 경제활동을 촉진하기 위한 물적 기반을 확충하고 제도적 특혜를 보장함으로써 도시경제를 활성하고 도시인들의 일자리와 소득을 향상시키며, 또한 세계경제 및 도시체계에서 경쟁적 우위를 점하고 지구화 과정을 선도하기 위한 것으로 홍보되었다. 그러나 실제 경제자유구역은 국가(중앙정부)가 해당 지방정부와 공동으로 다규모적인 거버넌스를 구축해 초국적 자본 이동과 이윤 창출이 가능한 도시 발전을 촉진함으로써 신자유주의적 세계경제체제의 회로망 속에 전략적으로 위치 지우기 위한 '공간적 조정' 전략이라고 지적되기도 한다. 이뿐만 아니라 경제자유구역의 지정과 개발은 국가 영토의 일부를 전략적으로 개방하고 예외적인 (탈)규제와 혜택을 부여함으로써 초국적 자본을 위해 주권이 차별적으로 적용(또는 유보)되는 '예외공간'의 확대라고 할 수 있다.

대구경북경제자유구역의 개발 과정

이러한 경제정치적 배경하에서 추진된 한국의 경제자유구역 정책은 대구경북권에서도 지식기반산업 및 서비스 인프라가 상대적으로 잘 갖추어진 열 개 지구를 선정해 대구경북경제자유구역으로 지정해서 개발하고자 한다. 2008년 경제자유구역으로 지정될 당시, 대구경북 지역은 항만 시설이 부재하는 등 교통통신 인프라가 열악한 내륙에 위치해 있기 때문에 경제자유구역으로 개발하기가 어려울 것으로 간주되었다. 그러나 대구경북 지역은 "물류 중심의 경제자유구역과 차별화된 지식창조형 경제자유구역 조성"을 내세우면서 지식기반 산업을 중심으로 구미-대구-경산-영천-포항을 연결해 각 도시 및 지역에 적합한 산업을 육성할 뿐만 아니라 해당 지구들 간 관련 산업의 수직적·수평적 클러스터를 구축해서 긴밀한 상호 연계에 바탕을 둔 자발적이고 지속가능한 혁신 창출 경제특구를 개발하고자 한다(〈표 2.3.2〉).

〈표 2.3.2〉 지식창조형 대구경북경제자유구역의 특성

구분	기존 경제자유구역	지식경제자유구역
목표	물류, 비즈니스 중심도시	국제 지식기반산업 중심도시
앵커시설	항만, 공항	대학·연구소, 공항
지향성	해양지향형	해양 또는 내륙지향형
입지	물류수송의 허브 지역	대학 및 연구기관 집적 대도시 인근
외자 유치 주요 업종	물류, 유통, 기업비즈니스, 서비스, 관광, 위락	대학, 연구소, 글로벌 연구개발(R&D) 고급인력, 첨단제조업, 지식서비스업
개발 방식	신개발	신개발 또는 기존지구 재개발

자료: 대구경북경제자유구역청 홈페이지(http://www.dgfez.go.kr).

이러한 취지에서 개발이 추진된 대구경북경제자유구역은 대구시와 그 주변에 인접한 구미, 경산, 영천, 포항에 이르는 열 개 지구(대구 다섯 지구, 경북 다섯 지구) 30km^{2}에 분산되어 있다. 사업기간은 2008년에서 2020년까지 13년간이며, 총사업비는 7조 8983억 원으로, 국비 8387억 원, 지방비 7967억 원이 투입될 예정이고 나머지(79.3%) 6조 2629억 원은 민자로 충당될 예정이다. 이에 따라 기대되는 효과는 생산유발 효과 72조~102조 원, 부가가치창출 효과 30조~52조 원으로 추정되고 있다. 중점 유치 업종은 세 가지 유형(IT 융복합, 첨단 수송기계부품, 첨단 메디컬)으로 대별되며, 지역별로 각각 여건에 적합한 세부업종들로 특화될 예정이다(〈그림 2.3.1〉).

대구경북경제자유구역으로 지정되어 개발 계획이 시행되는 과정에서 일부 지구는 계획이 원만하게 추진된 반면, 다른 일부 지구는 결국 지구 지정이 해제되기도 했다. 또 다른 일부 지구는 현재 계획이 제대로 추진되기 어려운 상황에 처해 있다. 2015년 초 상황으로, 대구 동구 봉무동 일원에

〈그림 2.3.1〉 대구경북경제자유구역 지구별 위치

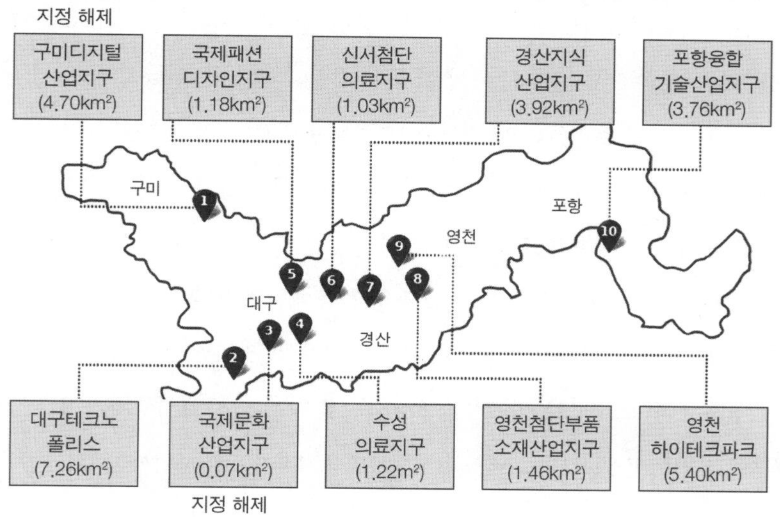

자료: 대구경북경제자유구역청 홈페이지.

위치한 국제 패션디자인지구는 산업용지 및 공동주택을 100% 분양했고, 대구 동구 신서동 혁신도시 내에 위치한 신서첨단의료지구는 정부 핵심연구시설(신약개발지원센터 외 3개소)을 준공했으며, 대구 달성군 현풍, 유가면 일원에 위치한 대구테크노폴리스지구도 사업 마무리 단계에 들어갔다. 또한 경북 영천시 소재 영천 첨단부품소재산업지구도 전체 공정률 100%를 달성했다. 이처럼 기반시설 조성이 끝나고 입주업체를 유치한 지구들 외에, 수성의료지구, 경산지식산업지구도 공사를 시작하고 토지 보상을 진행하거나 일부 기업이 입주하고 있다.

반면 다른 네 개 지구는 경제자유구역으로 지정된 지 6년이 넘도록 사업을 시작하지 못하고 있다. 구미시 산동면과 금전동 일원에 조성될 계획이 었던 구미디지털산업지구는 사업시행자로 한국수자원공사가 지정되었지만, 자금 여력이 없는 상태여서 착공이 지연되었다. 그러다가 2014년 초 뒤늦게 사업을 추진하려 했지만 주민들의 반발로 현장 조사도 하지 못한 채 2014년 7월 말 마감시한을 넘겨 경제자유구역에서 해제되었다. 또한 대구시 남구 대명동 계명대학교 캠퍼스 일원에 조성될 대구국제문화산업지구의 경우 지구 내 건축물 용도를 교육용에서 수익용으로 전환하지 못함에 따라 사업시행자를 결정하지도 못한 채 해제되었다.

영천하이테크파크는 아직 해제되지는 않았지만 사업시행자가 없는 상태로 지연되고 있으며(LH공사를 시행자로 지정하기 위해 사업시행협약을 체결했지만 경영난으로 신규 사업 진출을 포기함), 이로 인해 2014년 사업 대상지 540만m^2 가운데 절반이 넘는 310만m^{2}를 해제하게 되었다. 경북 포항시 흥해읍 일대에 위치한 포항융합기술산업지구도 LH 공사가 사업시행자로 지정되었지만 경영난으로 지정을 취소하고 다른 건설업체로 바뀌게 되었다. 이로 인해 이 지구 역시 2015년 6월에 지정 면적이 375.6만m^{2}에서 145.9만m^{2}로 대폭 축소되었다.

대구경북경제자유구역의 전망과 과제

경제자유구역이란 국내외 자본의 자유로운 기업 활동을 보장하고 각종 규제 및 세금 등에서 예외를 인정하는 특별지역이라고 규정된다. 경제자유구역 개발 정책은 자본주의 경제의 지구화 과정에 부응하기 위해 국가

(중앙정부)와 지역(지방정부)이 다규모적 거버넌스를 구축하고 이를 통해 계획을 추진하는 지방화 전략이라고 할 수 있다. 그러나 경제자유구역 개발은 기업 활동을 촉진하기 위한 탈규제와 특혜 지원을 전제로 한 전형적인 신자유주의적 정책이며, 특히 외국 자본을 대상으로 주권이 일정하게 유보되는 예외공간으로 특별지구를 조성하는 초국가적 정책이다. 비판적 입장에서 보면, 지역 경제 발전을 이루겠다는 명분으로 무리한 재정 투입과 민자 동원을 통해 대규모 토지와 여타 사회기반시설을 확충하고자 하는 부동산 개발 정책이라고 할 수 있다. 그러나 이러한 경제자유구역의 개발 정책이 지역 경제 발전이나 주민의 생활 향상에 어느 정도 기여할 것인지는 의문이다.

한국에서 경제자유구역 개발 정책이 특히 문제가 되는 것은 전국적으로 지나치게 많은 경제자유구역을 지정해 개발을 방만하게 추진하고 있으며, 이로 인해 각 경제자유구역청이 외국 자본을 유치하기 위해 경쟁적으로 규제를 완화하고 특혜 지원을 제시하고 있다는 점이다. 그뿐만 아니라 한국은 외국인 투자를 유치하고 국내 산업 발전과 지역경제성장을 진작하기 위해 경제자유구역 외에도 자유무역지역, 외국인투자지역 등 유사한 경제특구를 선정해서 지원하고 있다(〈그림 2.3.2〉).

하지만 초국적기업들은 세계경제의 전반적 침체로 지리적·경제적 여건이 상대적으로 열악한 국가나 지역의 경제자유구역에는 투자하기를 꺼려한다. 이러한 점은 기획재정부가 2014년 말경에 발표한 '경제특구 활성화 지원 사업군 심층평가 결과 및 지출효율화 방안'에서도 잘 나타난다. 즉, 한국은 외국인 투자 유치를 위해 엄청난 재정을 투입하고 있지만(2013년

〈그림 2.3.2〉 경제특구 및 유사입지 현황(2013년 말 기준)

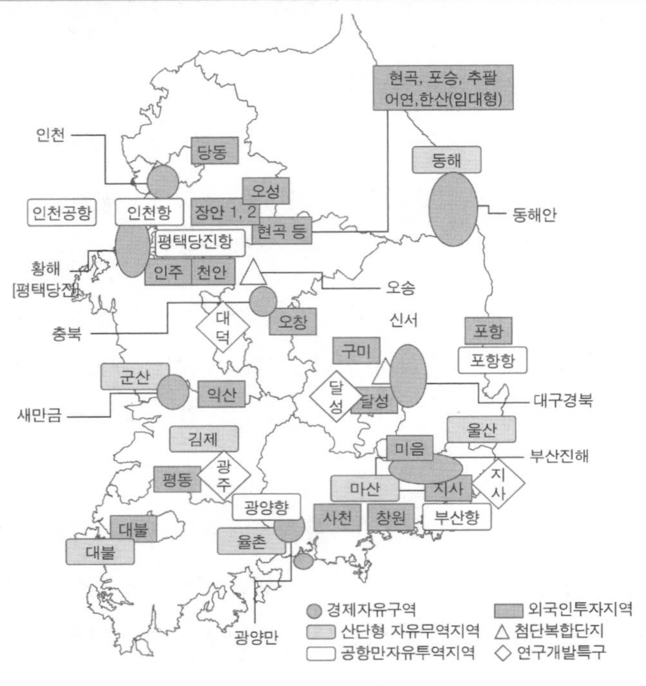

자료: 기획재정부, 「경제특구 활성화 지원 사업군 심층평가 결과 및 지출효율화 방안」(2014, http://eiec.kdi.re.kr/infor/ep_view.jsp?num=138497)

예산 4473억 원, 법인세 감면 등 고려하면 8587억 원), 2012년 GDP 대비 외국인 투자 잔액은 OECD 국가 가운데 31위에 머물렀다. 이뿐만 아니라 한국 자본 투자의 국제적 유출입에서 2008년 금융위기를 계기로 해외 (유출)직접투자가 외국인 (유입)직접투자에 비해 점차 더 많아지고 있다(〈그림

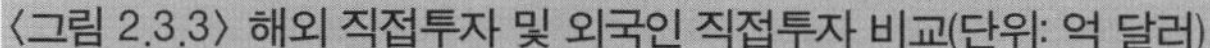

〈그림 2.3.3〉 해외 직접투자 및 외국인 직접투자 비교(단위: 억 달러)

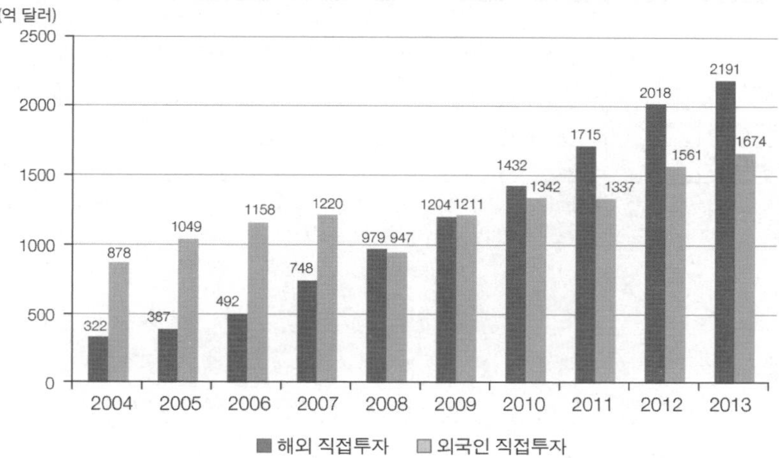

자료: 기획재정부, 「경제특구 활성화 지원 사업군 심층평가 결과 및 지출효율화 방안」(2014, http://eiec.kdi.re.kr/infor/ep_view.jsp?num=138497)

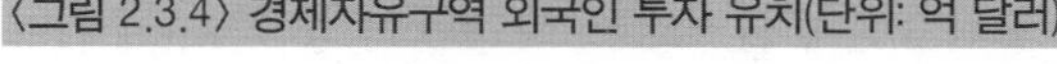

〈그림 2.3.4〉 경제자유구역 외국인 투자 유치(단위: 억 달러)

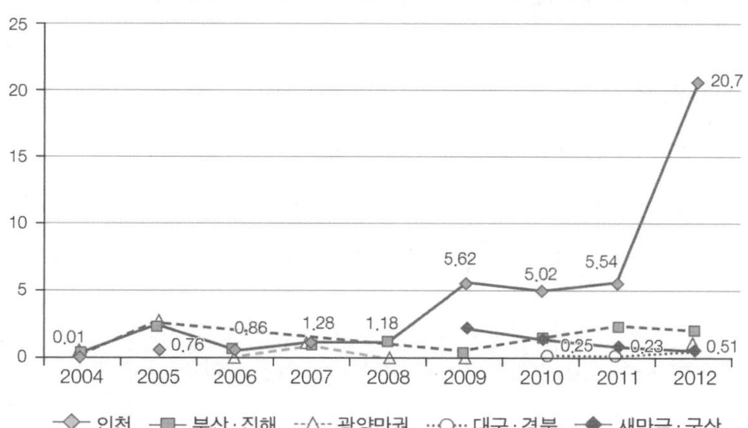

〈표 2.3.3〉경제자유구역기업 입주 현황(2013년 기준, 단위: 개)

	인천		부산진해		광양만		황해		대구경북		새만금		합계		
	국내	외투	국내	외투	국내	외투	국내	외투	국내	외투	국내	외투	국내	외투	비중
제조업	51	6	567	25	60	13	9	-	10	-	359	16	1,056	60	5.7%
비제조업	775	44	-	33	19	26	-	-	55	1	10	-	859	104	12.1%
합계	826	50	567	58	79	39	9	-	65	1	369	16	1,915	164	8.6%

자료: 기획재정부, 「경제특구 활성화 지원 사업군 심층평가 결과 및 지출효율화 방안」(2014, http://eiec.kdi.re.kr/infor/ep_view.jsp?num=138497)

2.3.3〉).

이러한 상황에서, 비수도권에 위치한 대구경북경제자유구역의 발전 전망은 사실상 상당히 암울하다. 수도권과 비수도권의 경제 여건의 격차로 2004~2012년간 전체 경제자유구역 외국인 투자 유치의 60%에 달하는 41억 달러가 인천경제자유구역에 집중해 있으며, 특히 최근 들어 인천경제자유구역이 본격적으로 가동되고 이 구역으로의 외국인 투자가 몰리면서 그동안 나름대로 실적을 쌓아오던 부산진해 및 광양만권 경제자유구역마저 투자 유치 실적이 줄어들고 있다. 대구경북경제자유구역은 2008년 지정·개발된 세 곳 가운데 새만금경제자유구역과 비교할 때도 훨씬 저조한 실적을 보이고 있다(〈그림 2.3.4〉, 〈표 2.3.3〉). 이러한 투자실적의 부진으로 대구경북경제자유구역의 열 개 지구 가운데 결국 두 개 지구는 지정이 해제되었고, 다른 일부 지구도 사업시행자 지정조차 어려운 실정에 처해 있다.

이러한 점들을 고려해볼 때, 대구경북경제자유구역 관련 정책의 과제로 다음과 같은 점들이 제시될 수 있다. 첫째, 대구경북경제자유구역은 비수도권에 위치해 있기 때문에, 외국인 투자 유치에 분명 불리한 여건에 처해 있음을 인정하고 대구경북 지역에 국내 투자를 활성화할 수 있는 방안을 우선 모색해야 할 것이다. 지역경제가 전반적으로 활성화되지 않은 상황에서 외국인 투자 유치를 기대하기는 어렵다.

둘째, 지나치게 과다하게 지정된 구역의 규모를 대폭 줄여 적정화하고, 다양한 유사 계획 입지와 연계해 외국인 투자 유치 입지의 효율성을 증대해야 한다. 대구·경북 지자체는 규모를 축소한 지구에 적극적인 관심을 가지고 제한된 재원을 집중 투자해서 연계형 관리체계를 구축해야 한다.

셋째, 대구경북경제자유구역은 다른 경제자유구역들과는 다른 특성, 즉 내륙형 지식창조형경제특구로 발전시키려 한다는 점에서 의의를 가진다. 그러나 이를 위해서는 관련 대학 및 연구기관들의 활동을 적극적으로 지원·활성화해서 외국인 연구개발활동을 유치·연계할 수 있는 방안을 모색해야 한다.

넷째, 경제자유구역으로 지정된 지역은 주변 토지의 가격 급등을 유발하거나, 토지거래허가구역 등으로 지정되어 지역주민들의 사유재산권을 침해해 민원을 유발한다. 이 상황에서 특구 지정이 해제될 경우 그 피해는 지역주민들에게 전가된다. 이러한 점에서 구역 지정을 적정화하고 토지 수용과 보상에 따른 민원을 최소화해야 할 것이다.

2015.7.15.

제 3 장

도시 공간의 재구성

1 메트로시티, 환상 또는 현실

2 세종시 건설을 둘러싼 권력 갈등

3 '창조경제혁신센터'에서 진정한 '창조도시'로

3-1

메트로시티, 환상 또는 현실

거대도시의 등장

지구 인구의 급증과 급속한 산업화·도시화의 결과, 수백만, 수천만 명이 좁은 지역 내에 밀집한 거대도시, 메가시티mega-city가 발달하고 있다. 물론 대도시는 인구 집중뿐 아니라 자본주의적 산업화 또는 근대화 과정을 통해 발달했고, 또한 이 과정을 추동시키는 특징적 양상을 드러낸다. 이러한 도시를 지칭하기 위해, 메트로폴리스metropolis, 메갈로폴리스megalopolis라는 용어가 사용된다.

특히 오늘날 지구지방화 과정은 대도시의 특성을 변화시켜서 세계도시(world city 또는 global city)를 등장시키고, 지구적 규모로 세계도시체계를 구축하고 있다. 세계도시란 초국적기업의 본사들이 밀집해서 세계 자본을 통제하는 중심지 역할을 한다. 게다가 교통 및 정보통신기술의 발달로 추동되는 정보화 과정은 세계도시들이 복잡하고 중층적으로 이루어진 네트워크의 결절점으로 기능하도록 한다.

이러한 세계적 대도시들은 경제적·정치적 차원에서 세계의 중심지일 뿐 아니라 다양한 인종과 문화가 교류하는 장소가 된다. 오늘날 대도시에서는 지구화 및 정보화 과정에서 촉진된 자본의 초국가적 이동은 물론이고, 노동의 광범위한 국제적 이동도 목격되고 있다. 또한 이러한 초국적 경제활동과 다양한 이주 인구의 혼합으로 새로운 도시문화가 형성되면서, 다문화 도시multicultual city 코스모폴리탄 도시cosmopolitan city 또는 초국가적 도시transnational city가 등장하고 있다.

요컨대 미래의 대도시는 초국가적 자본과 권력의 중심지 역할을 할 것이며, 문화적으로 혼종적 특성이 심화될 것이다. 이러한 미래의 대도시를 메트로시티metro-city라고 칭할 수 있다. 메트로시티는 인류 역사의 꿈과 환상을 반영하는 한편, 현실의 많은 문제와 모순을 심화시킬 것이다. 꿈을 실현시키는 동시에 모순을 극복할 수 있는 대안적 메트로시티는 가능한가?

미래의 거대도시: 환상

미래의 대도시 메트로시티는 우선 경제적 부의 증대와 집중을 전제로 한다. 고부가가치의 첨단기술산업과 이를 지원하는 금융 및 정보 산업 등을 위한 생산자서비스업이 도시 경제의 중심을 이룬다. 그뿐만 아니라 지구적 차원에서 활동하는 초국적기업의 본사와 정보통신 네트워크의 세계적 허브가 구축된다. 이를 위해 메트로시티는 다양한 인프라가 확충되고 토지 이용이 초고밀화된 초고층 입체도시의 경관을 이룬다.

이 도시는 정밀한 전자정보체계의 작동으로 관리되고, 대부분의 활동은 인터넷으로 연결된 사이버공간에서 이루어진다. 나아가 이러한 활동을 언제, 어디서나 접속 가능하게 하는 '유비쿼터스 도시'로 발전한다. 이 도시의 시민이 되기 위한 필요조건은 창의성이며, 이들로 구성된 메트로시티는 시민의 창의성을 자유롭게 고양시킬 수 있는 도시, 즉 '창조도시'가 된다.

선진국의 도시뿐 아니라 동아시아의 많은 도시도 이러한 미래의 메트로시티를 꿈꾸며 엄청난 투자를 하고 있다. 중국 상하이의 푸동이나 싱가포르의 선텍시티Suntec City 등은 이미 이러한 미래도시의 모범이 되었고, 이를 따라 한국의 서울과 인천, 말레이시아의 신행정도시, 태국의 방콕, 베트남의 하노이 등에서도 대규모 도시 개발 프로젝트가 추진되고 있다.

이러한 도시가 완성되면 이른바 '스마트 도시'가 될 것이다. 시민들은 물질적으로 풍요롭고 편리한 삶을 향유할 수 있을 뿐만 아니라, 심미적으로 안정된 도시 경관 속에서 환경적으로 쾌적한 분위기를 누릴 수 있다. 이러한 도시를 꿈꾸는 사람들은 메트로시티의 이상이 현실의 연장으로 실현될 것으로 기대한다. 그러나 이러한 도시의 이상은 현실에서 발생할 문제와 모순을 감추고 있다는 점에서 현실적인 미래가 아니라 환상적인 미래라고 할 수 있다.

거대도시의 미래: 현실

현실적 미래로서 메트로시티는 많은 문제점을 내포한다. 우선 지적해야 할 점은 이 도시 건설의 주체가 일반 시민들이 아니라 이윤을 추구하는 기업과 이들을 지원하면서 자신의 지지 기반을 유지·확대시키고자 하는 정치권력이라는 사실이다. 즉, 이러한 도시는 개발을 통해 엄청난 이윤을 얻게 되는 기업과 '기업하기 좋은 도시'를 외치면서 권력을 유지하고자 하는 도시관리자들에 의해 추동되고 있다.

기업과 정치권력은 메트로시티의 발달로 시민 모두가 수혜자가 될 것이고, 이를 통해 시민들의 꿈이 달성될 것이라고 홍보한다. 그러나 이러한 '기업주의 도시'의 개발을 통해 얻은 사회적 부는 일부 지배 계층에만 돌아가고, 대부분의 시민은 사회적 배제로 인한 박탈감과 소외감을 느끼게 될 것이다. 또한 시민들은 초고층 빌딩 숲으로 이루어진 도시 경관 속에서 느끼는 왜소감과 정체성의 상실로 불안해 할 것이다.

이러한 상황은 메트로시티의 공간 편성에도 반영된다. 도시의 상위계층, 경제적·정치적 권력을 가진 집단들뿐 아니라 이른바 '창조적' 지식인이라고 불릴 수 있는 일부 시민(즉, 고기능 노동자들)은 '빗장도시gated city'라고 불리는 배타적 주거지 내에서 꿈같은 생활을 할 수 있을지 모르지만, 여기서 배제된 시민들은 더욱 불안정한 일자리와 열악한 생활환경으로 내몰리게 된다. 메트로시티는 사실 '이중 도시dual city'이다.

세계의 모든 지역이 메트로시티로 발전할 수도 없다. 메트로시티로의 접근성은 매우 제한적이고, 세계의 많은 사람은 메트로시티 밖에서 살아가야 한다. 즉, 메트로시티의 발전은 세계적 규모의 불균등발전을 더욱 심화시킬 것이다. 메트로시티 밖에 살던 사람, 즉 자본과 권력으로부터 배제된 사람이 설령 공간적으로 도시 안으로 들어간다고 할지라도, 이들은 결국 메트로시티 안과 밖 어디에도 속하지 못하는 '경계인'의 삶을 살게 된다.

대안적 미래도시의 발전을 위하여

미래도시, 메트로시티에 관한 환상과 현실의 괴리를 어떻게 극복할 것인가? 문제를 가린 채 환상만을 좇아 메트로시티의 건설로 나아가서는 안 되지만, 또한 미래에 현실로 닥쳐올 문제들이 겁이 나서 발전을 포기할 수도 없다. 엄청나게 증가한 인구와 누적된 생산력을 유지·발전시키기 위해서는 그동안 전개되어왔던 대도시화 과정을 벗어날 수 없기 때문이다. 따라서 미래의 도시에 발생할 문제를 분명히 인식하고 이들을 극복할 수 있는 대안으로서의 메트로시티를 건설해야 한다.

과거 봉건 영주로부터 벗어나 도시로 몰려온 시민들은 "도시의 공기가 인간을 자유롭게 만든다"라고 했다. 이러한 자유는 오늘날의 신자유주의 하에서 시민의 자유가 아니라 시장의 자유, 자본의 자유로 변질되었다. 미래의 대안적 도시로서 메트로시티의 공기는 시민을 새로운 차원에서 자유롭게 해야 할 것이다. 새로운 자유는 자본에 의해 소외된 노동으로부터의 탈피, 권력에 의한 억압으로부터의 해방을 의미한다. 이러한 탈자본주의적 도시에서 자유는 개인주의의 연장선상에 있는 도시 유목민으로서의 자유가 아니라 상호 평등과 존중을 전제로 한 도시공동체적 자유여야 한다.

2009.3.18.

3-2
세종시 건설을 둘러싼 권력 갈등

권력을 매개하는 공간

어디에도 없지만 또 어디에나 있는 것이 권력이다. 권력은 우리 주변 어디에나 잠재해 있다. 공간은 잠재된 권력의 장이다. 잠재된 권력은 특정 개인이나 집단의 영구적인 소유물이 아니다. 권력은 누구나 가지고 있지만, 어느 누구도 가지고 있지 않다. 이른바 권력자는 마치 자신이 권력을 가지고 있는 것처럼 착각한다. 그러나 권력은 누구에게도 오랫동안 잡혀서 머물지 않고 바람처럼 떠돌아다닌다. 이렇게 떠돌아다니는 권력은 어떤 매개물을 통해 드러나게 된다. 권력은 다양한 매개물을 통해 가시화되면서, 누군가에 의해 누구에게로 작동한다.

권력의 매개물은 신체에 위해를 가하는 총이나 칼, 핵폭탄, 경찰과 군대, 감옥일 수도 있지만, 이러한 폭력적 수단이 아닐지라도 시공간상의 모든 물질적인 것에서부터 법적 제도나 언어와 같이 추상적인 것에 이르기까지 권력의 매개물은 다양하다. 공간 자체도 이와 같이 권력을 매개하고 가시화하는 중요한 수단 가운데 하나다. 미셸 푸코Michel Foucault가 주장한 바와 같이 권력은 공간을 개발하고 동원하고 구획하고 점령하고 전복하는 과정을 통해 작동한다. 또한 권력은 새로운 공간적 상징물이나 건조 환경의 조성 또는 이전을 둘러싸고 가시화된다.

공간을 매개로 한 권력의 행사

근대 정치의 역사는 이와 같이 권력이 공간을 매개로 작동한다는 사실을 여실히 보여준다. 대표적인 예로, 박정희 대통령이 1961년 쿠데타로 정권을 장악한 이후 도시를 개발하고 이들을 이어주는 고속도로를 건설하려고 한 것을 들 수 있다. 그뿐만 아니라 그는 장소적 상징물을 만들어 사회 공간적 통합을 꾀했다. 또한 이순신의 민족 영웅화 작업을 추진해 1962년부터 이순신 관련 영화, 연속 사극, 무용극 등이 나왔고 충무공 탄신일에 성대한 기념행사를 열었다. 박정희 대통령은 집권 기간 내내 현충사를 참배했고, 광화문광장에 이순신 장군 동상을 세웠다. 그가 이처럼 이순신을 내세운 것은 자신의 쿠데타를 정당화하고, 민족의 영웅으로서 이순신과 자신을 동일시하고 싶었기 때문일 것이다.

또 다른 예로 이명박 대통령이 서울시장이던 시절 추진했던 청계천 복원사업을 들 수 있다. 복원된 청계천은 역사와 자연을 재현한 경관이지만, 또한 권력을 상징하고 권력이 행사되는 공간이라고 할 수 있다. 청계천의 복원은 서울 도심에서 사라진 역사적 유물을 복구하고 파괴된 자연환경을 복원한 것이지만, 이러한 공간환경의 인위적 재현은 이를 추진했던 자가 어떻게 권력을 동원했는가를 드러낸다. 그는 대통령이 된 후 4대강 사업을 마치 서울 시내를 흐르는 청계천 복원사업처럼 추진하고자 했다. 그리고 그는 박정희 대통령이 했던 것처럼 광화문에 세종대왕 동상을 내세워 자신의 권력을 상징적으로 가시화하고 싶어 했다.

권력의 크기나 강도는 복구된 유물이나 재현된 경관이 어느 정도 역사적 또는 자연적 진정성을 가지는가가 아니라, 복구나 재현 과정에서 이를 왜, 어떻게 동원했는가라는 형식에 의해 좌우된다. 이러한 도시 경관이나 건조 환경을 통해 권력은 시공간적으로 생성·강화·소멸된다. 수천 년에 걸쳐 축조된 만리장성에서부터 겨우 수년에 걸쳐 졸속으로 복원된 청계천에 이르기까지, 이들은 축조되거나 복원·운영되는 과정에서 얼마나 많은 희생이나 비용이 요구되었는가를 숨긴 채 단지 권력의 크고 작은 위대함을 상징적으로 보여줄 뿐이다.

국가균형발전을 명분으로 한 세종시 건설

한때 첨예한 정치적 공방의 쟁점이 되었던 세종시(당시 신행정수도)는 노무현정부 시절 권력을 매개했던 핵심사항이었다. 충청권으로 행정수도를 이전하는 계획은 당시 노무현 대통령 후보가 지지표를 획득한 주요한 공약 가운데 하나였다. 또한 세종시는 노무현 대통령 집권 이후 정권 자체가 흔들릴 정도로 심각한 논란의 대상이 되기도 했다. 사회적·정치적 우여곡절 끝에 중앙 행정기능의 일부가 이전하는 행정중심복합도시 계획이 확정되었고, '행복도시'라는 이름으로 설계와 건설이 추진되었다.

당시 행정중심복합도시의 건설은 비대해진 수도권의 과밀 문제를 해소하고 국가균형발전을 추구한다는 명분을 가지고 있었다. 노무현정부는 국가균형발전을 명분으로 세종시뿐 아니라 각 광역지자체별로 혁신도시를 건설하도록 함으로써 충청권의 지지세력, 나아가 수도권을 제외한 다른 지방들에 잠재한 권력을 동원하고자 했다. 그러나 과연 수도권이 국가경쟁력을 훼손할 정도로 과밀한가, 국가균형발전을 통해 정말 모든 지역과 계층의 사람들이 잘살게 되는가에 대한 실질적인 논의는 미흡했다.

노무현 대통령이 비록 국가균형발전을 전제로 세종시 건설을 추진했다고 하더라도, 세종시 건설을 추진한 이유 가운데 하나가 자신의 권력을 불확실한 미래에 투영하기 위한 수단이었던 것임을 부정하기 어렵다. 그러나 이러한 전략적 프로젝트와 직간접적으로 연관된 탄핵정국이 뒤따랐다. 탄핵 정국 이후 오히려 보수 세력은 국민의 반감을 샀고, 총선에서 새로운 여당이 탄생했다. 하지만 수도권의 지지세력 상실은 노무현정부가 정권을 결국 야당에 넘겨주는 주요한 이유가 되었다.

세종시 건설에 대한 '정치적' 비판

이명박 대통령은 선거 과정에서 이러한 세종시 건설 계획의 지속적 추진을 철석같이 약속했다. 이명박 대통령 후보 역시 충청권의 표, 나아가 지방 세력의 지지가 필요했기 때문이다. 그러나 정권을 획득한 후 이명박정부는 더 이상 지방 세력의 지지를 확보할 필요가 없게 되었다. 이명박정부 당시 총리는 한 간담회에서 "세종시는 처음에 정치적 계산에 의한 것으로 과거 결정이 잘못됐고, 그것이 정치적 이해득실에 관한 것이었다면 지금이라도 고치는 것이 낫다"(≪민중의 소리≫, 2009.12.20)라고 호소했다. 그렇다면 이명박정부의 주장은 '비정치적'이었는가?

이명박정부는 중앙정부의 행정기능 일부가 세종시로 이전되면 행정의 효율성이 저하될 것이라고 우려했다. 그러나 행정의 비효율성은 누구의 입장에서 판단하는가에 따라 달리 평가될 수 있다. 중앙정부의 입장에서 행정의 비효율성은 충청권의 입장에서 보면 지역발전의 효율성을 위해 얼마든지 감내해야 하는 것으로 이해된다. 그뿐만 아니라 세종시로의 행정기능 이전을 반대했던 이명박정부는 주요 공공기관의 지방 이전을 위한 혁신도시 건설은 계속 추진하겠다고 약속했다.

이명박정부는 이러한 비판이나 새로운 약속을 할 자격이 있던가? 이명박 대통령은 서울시장 당시 졸속으로 추진했던 청계천 복원사업으로 권력을 얻었다. 이에 도취해 그는 대통령 선거에서 한반도 대운하를 공약으로 내걸었다가, 대통령이 된 후 국민의 반대가 심해지자 이른바 4대강 사업으로 이름을 바꾸어 무려 22조원의 재정이 투입되는 토건사업을 강행했다.

이명박정부는 세종시로의 행정기능 이전을 반대하면서도, 혁신도시 건설은 그대로 추진하는 한편, 세종시에도 기존 계획보다도 더 훌륭한 명품도시를 건설하겠다고 제안했다. 이명박정부는 반대하는 데 대해 "행정부처 이전보다는 자족 기능을 보강해 세종시와 대전·대덕·오창·청주까지 포괄하는 커다란 발전 벨트를 만들기 위한 것"이니 믿어달라고 당부했다. 그러나 정치권력이 서울에 머물러 있는 한 재벌 기업이 지방으로 이전할리 만무하고, 설령 이들 공장 일부가 이전한다고 해서 이명박정부가 호소하는 대로 갑작스럽게 첨단 과학기술발전 벨트가 조성되고 자족 기능이 생기는 것도 아니다.

세종시를 둘러싼 다툼의 쟁점은 중앙 부처의 일부 이전 여부인 듯했지만, 실상은 서울을 중심으로 한 수도권의 이해관계와 세종시로 상징되는 비수도권 지방의 이해관계를 둘러싼 권력 다툼이었다고 할 수 있다. 이는 과거 지역감정을 동원해 호남과 영남 간 갈등을 유발하고, 이를 매개로 권력을 장악하고자 했던 구태의연한 행태의 변형이다. 그나마 노무현정부가 국토균형발전을 명분으로 내세웠다면, 이명박정부가 세종시 이전을 비판하고 대체하고자 하는 계획에는 자신들의 주장을 구체적으로 뒷받침하고 정당화할 수 있는 명분이 없었다.

올바른 정치와 사물의 공간적 질서를 위하여

한 사회의 권력은 그 사회를 구성하는 주체들의 합의와 실천에 근거한다. 이 점은 모든 권력은 국민으로부터 나온다고 명시하는 대한민국의 헌법에서도 확인된다. 그러나 실제 정치권력은 그 주체인 국민들로부터 괴리되고 실천의 영역에서 이탈해 권위적 정당구조와 제도화된 법 속에서 물신화된다. 탈주체화·탈착근화된 정치권력은 소외된 힘으로 오히려 그 국민들을 지배하고자 맞선다.

근대 사회의 기본이 된 대의제도는 국민들의 합의와 실천에 뿌리를 두어야 할 정치권력이 마치 그 자체로 존재하는 것처럼 보이도록 한다. 국민들은 정치적 대변자를 뽑는 투표를 통해서만 권한을 행사할 수 있을 뿐이고, 실제 정치가들은 일단 선거가 끝나면 마치 그들 스스로 권력을 가진 것처럼 행동한다. 정치가들은 국민에게 법률이나 여타 규율을 준수하도록 요구하지만, 정작 자신들은 이러한 제도들의 영역 바깥에 있는 것처럼 착각한다.

이러한 권력은 공간과 시간을 분할하고 동원하는 과정을 통해 실현된다. 그러나 권력은 영원히 한 곳에 머물지 않고 시간과 공간을 떠돈다. 권력자는 공간을 구획하거나 새로 만들어서 자신의 영토임을 과시하고자 하지만, 권력은 결코 한 영토 안에 머물지 않는다. 그런 권력을 잡기 위한 정치가의 욕망은 결국 역사 속으로 사라지고, 외형적 경관만 남아 사라진 권력의 무상함을 보여줄 뿐이다. 그리고 그로 인한 피해는 고스란히 당대의 약자 또는 미래 세대에 전가된다.

정치란 떠도는 권력을 한 장소에 뿌리내리도록 해서 올바르게 위치 지우고 합리적으로 관리·작동하도록 하는 것이다. 달리 말해, 정치란 권력에 내재된 공간적 속성과 공간을 분할하고 이용하고 동원하는 방식을 민주화하는 것이다. 대안은 그 공간 속에서 살아가는 사람들의 의견과 필요를 반영할 뿐 아니라 그들 스스로의 힘과 실천을 통해 공간을 생산하는 것이다. 정치란 구성원들의 합의로 사물의 올바른 위치와 공간적 질서를 정해서 발전하도록 하는 것이다.

2009.12.29.

보론: 대구·경북 혁신도시를 혁신하라

혁신도시 건설은 노무현정부가 지방 균형발전을 위해 행정중심복합도시(현재 세종시) 사업과 연계해서 공공기관의 지방 이전을 목적으로 추진한 것이다. 혁신도시는 이전한 공공기관들이 지역의 기관 및 기업들과 협력해 새로운 성장거점이 되도록 계획되었다. 이 계획에 따라 수도권을 제외한 시도 지역 10개 혁신도시를 지정해서 총 사업비 9조 7600억 원을 투입하고자 했다(〈표 3.2.1〉). 혁신도시는 이전 기관들과 산·학·연 클러스터를 형성하고, 이전할 인구의 쾌적한 주거환경을 조성하도록 개발되었다.

혁신도시 개발과 관련된 '공공기관 지방이전계획'이 2005년 수립·발표된 지 10년만에 각 지방에서는 혁신도시의 건설이 완성단계에 접어들게 되었다. 2015년 9월 1일 국토교통부의 발표에 따르면, 대구(신서) 혁신도시는 이전대상 공공기관 11곳 가운데 9곳이 이전해 82%의 이전율을 보였고, 경북(김천) 혁신도시는 12곳 가운데 9곳이 이전해 75%의 이전율을 보였다. 전체 계획의 진행률로 보면, 대구 혁신도시가 72%, 경북 혁신도시가 82.7%를 나타내고 있다.

혁신도시가 아직 완전히 조성되지 않기는 했지만, 혁신도시 건설과 운영에 상당한 문제점이 드러나고 있다. 우선 혁신도시로 이전한 공공기관 임직원들의 가족 동반 이주율이 기대보다 낮게 나타나고 있다. 국토교통부에 의하면, 2015년 4월 말 이전 예정이었던 인원 2만 3438명 중 미혼과 독신자를 제외한 실제 가족 동반 이주율은 32.7%에 머물렀다. 제주 혁신도시의 가족 동반 이주율이 54.9%로 가장 높고, 대구는 35.2%로 4위, 경

〈표 3.2.1〉 전국 혁신도시 건설 현황

지 역		위치	면적 (천㎡)	인구 (천 명)	사업비 (억 원)	이전기관 (수)	이전인원 (명)	진행률 (%)
전체			44,842	271	97,601	154	49,008	
혁신도시 계		10개	44,842	271	97,601	115	39,707	88.4
	부산	영도구, 남구, 해운대구	935	7	4,136	13	3,274	90.7
	대구	동구	4,216	22	14,369	11	3,366	72.0
	광주 전남	나주시	7,334	50	13,222	16	6,763	93.5
	울산	중구	2,984	20	10,438	9	3,071	82.5
	강원	원주시	3,596	31	8,843	12	5,843	90.0
	충북	진천군, 음성군	6,900	42	9,890	11	3,045	74.7
	전북	전주시, 완주시	9,852	29	15,297	12	4,927	96.8
	경북	김천시	3,812	27	8,774	12	5,067	82.7
	경남	진주시	4,078	38	9,711	11	3,580	94.2
	제주	서귀포	1,135	5	2,921	8	771	94.3
기타 계			0	0	0	39	9,301	
	세종시	충남 연기				20	3,854	
	개별 이전					19	5,447	

주: 진행률은 2015년 9월 말 분양 기준(모든 혁신도시의 부지공사 및 보상은 99.9% 이상 진행된 상태임).
자료: 국토교통부 혁신도시 홈페이지(http://innocity.mltm.go.kr/).

〈그림 3.2.1〉 대구신서 혁신도시

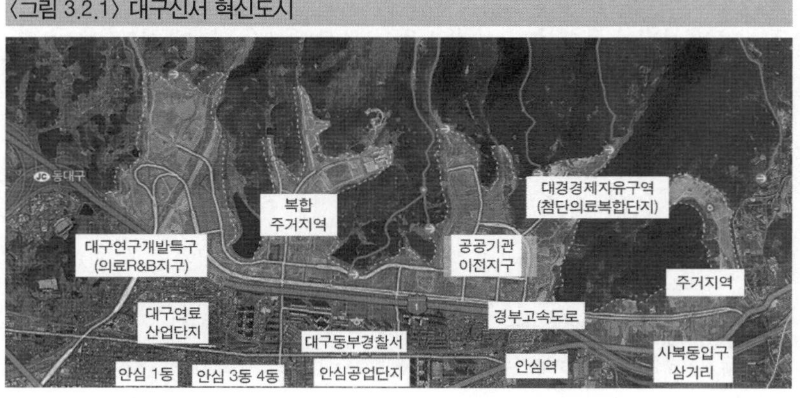

북은 27.1%로 7위이다.

이와 같이 가족 동반 이주율이 저조함에 따라 혁신도시의 거주인구도 계획 목표에 비해 훨씬 낮게 나타났다. 대구와 경북 혁신도시 거주인구는 2030년 계획 목표(대구 2만 2000명, 경북 2만 7000명) 대비 각각 19%와 18%에 지나지 않으며, 전국의 혁신도시 거주인구 비율인 29%에도 많이 못 미친다. 또한 혁신도시의 아파트 입주율은 경북의 경우 42.9%로 다소 높지만, 대구는 17.4%로 전국에서 가장 낮다.

또 다른 문제점은 혁신도시의 인구 관련 지표들이 이렇게 낮음에도 부동산 가격은 폭등했다는 점이다. 최근 전국 10곳의 혁신도시 아파트 가격 동향에 의하면, 대구 혁신도시가 포함된 동구의 아파트 가격은 3년 전에 비해 28.5% 상승해 가격 상승률이 전국 1위를 기록했다. 김천 혁신도시도 동김천 IC 개통에 따른 접근성 향상 등을 이유로 아파트 가격이 3년 전에 비해 23.7% 상승했다. 이러한 부동산 가격의 상승은 그 자체로도 문제이지만 앞으로의 가족 동반 이주도 어렵게 할 것이라는 점에서 우려되는 현상이다.

하지만 이러한 문제들이 있다고 해서 혁신도시가 실패했다고 평가하기에는 이르다. 전국의 혁신도시들은 나름대로 특성을 가지고 있지만 대구 혁신도시는 대구경북경제자유구역의 첨단의료복합단지, 연구개발특구, 도시첨단산업단지 등으로 중복 지정되어 있다. 이에 따라 이전 공공기관들을 중심으로 행정기능이 집중되고 있을 뿐 아니라 의료와 연구개발 등이 집적한 복합혁신도시로 성장할 가능성도 크다고 할 수 있다.

또한 현재의 실적이 아주 저조하거나 부정적인 것만은 아니다. 그 예로,

김천시는 작년까지만 해도 인구가 꾸준히 줄었고, 그 결과 13만 명 이하로 떨어져 국회의원 단일 선거구도 유지하기 힘든 상황이었다. 그러나 올해 8월 인구가 작년 말에 비해 4559명이 증가하여 14만 명을 넘어서게 되었다. 혁신도시 이전 공공기관의 전입 임직원들에게 이주지원금(30만 원)을 지급하고 혁신도시 내 현장전입신고센터 설치 등의 편의를 제공한 것이 인구 증가의 주요 요인으로 꼽히고 있다.

물론 혁신도시가 현재 상태로 방치된 채 제대로 활성화되지 않는다면 밝은 미래를 기대하기 어렵다. 혁신도시가 본래의 목적을 실현하기 위해서는 이전하는 공공기관들과 더불어 해당 지자체, 지역 대학 및 시민사회가 함께 나서서 혁신도시를 발전시켜 나가야 할 것이다.

우선 이전 공공기관들은 서울에 대한 미련을 과감히 떨쳐버리고 지역사회에 정착·발전하기 위한 혁신 전략을 모색해야 한다. 국정감사 자료에 의하면, 일부 이전 공공기관들이 서울에 불필요한 업무 공간을 두어 연간 수천만 원에서 수억 원을 낭비하고 있으며, 임직원들의 금요일 출장이 급증하는 것을 방치하고 있다고 한다. 이러한 편법적 기관 운영은 지역경제 활성화와 국토 균형발전에 기여하지 못할 뿐만 아니라 해당 기관의 안정적인 발전을 저해할 것이다.

지자체는 이전 공공기관들이 자역사회에 착근할 수 있도록 적극 지원할 필요가 있다. 예를 들어 최근 대구 동구가 혁신도시 내 우수농축산물 직거래장터를 마련한 것처럼, 지자체들은 작은 편익을 제공하는 것에서 나아가 이주를 꺼리는 임직원 가족을 위해 배우자의 직장을 알선하고 자녀의 교육 시설을 확충하는 방안도 강구해야 할 것이다.

지역의 대학과 연구기관, 시민들도 혁신도시의 발전을 위해 다양한 활동을 추진해야 한다. 최근 경북 혁신도시와 경북대학교가 관학 협력 세미나를 개최한 것처럼 혁신도시의 필요성과 성공 전략을 위한 논의도 중요하다. 이러한 논의의 활성화를 통해 이전한 공공기관들은 지역의 관련 기관 및 기업들과 네트워크를 강화하고 혁신의 분위기를 고양시킬 수 있을 것이다. 요컨대 혁신도시가 지역에 착근해서 혁신을 주도할 수 있도록 제2의 혁신이 필요하다.

2015.9.14.

3-3

'창조경제혁신센터'에서 진정한 '창조도시'로

창조도시란 무엇인가?

박근혜정부가 국정의 핵심 화두로 설정하고 있는 창조경제는 창조도시 개념과 밀접한 관계를 가진다. 이 두 개념은 기본적으로 인간의 창조성을 강조하고, 이를 (도시)경제성장의 근본 바탕으로 간주한다. 물론 창조도시의 개념은 주창자들에 따라 다소 다른 의미를 가진다. 미국을 배경으로 창조도시의 개념을 제시하고 실제 분석했던 리처드 플로리다Richard Florida는 창조성의 함양 또는 창조적 인재의 유치에 우선적인 관심을 두지만, 도시의 경쟁력 강화와 경제성장을 목표로 설정하고 있다. 반면 영국과 일본을 배경으로 창조도시 이론을 제시한 찰스 랜드리Charles Landry와 사사키 마사유키佐佐木雅幸에 의하면, 창조도시는 새로운 창조경제의 활성화를 위한 장이라기보다는 기존의 도시들이 직면한 여러 문제를 해결하기 위한 도구 또는 전략으로서 의미를 가진다.

이러한 창조도시 이론은 몇 가지 유의성을 가진다. 첫째, 물질적 생산 요소보다는 모든 인간에 내재된 창조성에 우선된 관심을 가지고 창조적 인재를 육성함으로써 도시경제가 발전하거나 다양한 도시 문제를 해결할 수 있다고 주장한다. 둘째, 이러한 창조성을 함양하기 위한 사회공간적 조건으로서 개방성, 다양성, 관용성 등을 강조한다. 셋째, 창조적 인재의 유치 또는 양성, 그리고 이를 위한 창조적 도시나 장소의 조성을 창조적 기업이나 산업의 입지보다 우선시한다. 즉, 이 이론에 의하면, 혁신과 성장을 가능하게 하는 인재들과 이들을 유치할 수 있는 도시환경을 먼저 조성해야 이로 인해 발생하는 긍정적인 효과 때문에 창조적 기업들이 집적하고 창조적 산업들이 성장하게 된다.

창조도시 이론의 한계

창조도시 이론은 이와 같이 나름대로의 유의성을 가지지만, 이론적·경험적으로 다음과 같은 심각한 문제 또는 한계를 안고 있다. 첫째, 창조도시 이론은 인간의 창조성을 경제성장의 원천으로 간주하지만, 결국 창조성을 경제적 가치로만 평가하고 이를 상품화하고자 한다는 비난을 받고 있다. 또한 이 이론에 따르면 모든 사람이 창조성을 가지지만, 실제 전체 노동력의 30%에 지나지 않는 사람만 자신의 일에서 창조성을 활용한 대가를 인정받는 것이 현실이다. 둘째, 창조도시의 기본 조건으로 개방성, 다양성, 관용성 등이 강조되지만, 실제 창조도시가 되기 위한 전제 조건으로 개인주의나 능력주의 또는 개인의 자질과 의지·리더십이 강조된다. 셋째, 창조도시의 육성은 그 자체로 불균등 지역발전, 정치적 양극화, 주택문제, 문화적 스트레스와 불안감 증대, 그리고 도시 스프롤(난개발) 현상과 환경파괴를 유발하는 원인으로 지적되고 있다.

요컨대 창조도시론은 창조성 또는 창조 인재의 육성을 통한 지역혁신이나 도시 문제 해결을 추구한다는 점에서 의의가 있지만, 결국 창조계급을 중심으로 한 자본주의적 도시 경제성장 또는 도시재생 전략으로 동원되거나 이러한 정책을 뒷받침한다는 점에서 한계를 가진다. 달리 말해, 창조도시론은 인간의 창조성을 가장 근본에 두고 창조성을 함양할 수 있는 창조도시를 조성함으로써 창조산업이나 창조경제를 발전시키고자 한다는 점에서 의의를 가진다. 그러나 실제 이 이론은 창조경제나 창조산업의 발전을 목적으로 설정해놓고 창조적 인재를 목적 실현의 수단으로, 창조도시를 목적 실현의 장으로 동원하고자 한다는 점에서 비판받을 수 있다. 이러한 목적과 수단의 뒤바뀜 또는 왜곡은 현 정부가 추진하고 있는 창조경제 정책에도 심각하게 내재되어 있다.

창조경제타운과 창조경제혁신센터

박근혜정부는 선거과정에서부터 집권한 이후까지 '창조경제'를 국정의 가장 핵심적인 화두로 설정하고 있다. 하지만 박근혜정부는 창조경제가 실제 무엇을 의미하는지 제대로 제시하지 않았을 뿐만 아니라 창조경제가 어떻게 지리적으로 입지하고 실제 운영될 수 있는지에 대해서는 관심을 가지지 않았다. 이러한 이유에서 창조도시라는 용어는 거의 사용되지 않고 있다. 즉, 현 정부는 창조경제를 매우 피상적 의미로 사용하면서 국민들의 지지를 얻기 위한 수사rhetoric로 부각시켜왔지만, 실제 창조경제가 어디에 입지할 것인지 또는 어떻게 지역에 뿌리내릴 것인지에 대해서는 논의하지 않았다. 이는 창조경제에 앞서 창조적 인재의 육성과 이를 위한 창조도시의 발전이 전제된다는 점을 간과하거나 무시한 것이라고 할 수 있다.

물론 현 정부가 창조경제와 관련해서 추진하고 있는 몇 가지 사업 가운데, 온라인에서의 창조경제타운 구축 사업과 오프라인에서의 창조경제혁신센터 구축 사업은 그나마 창조경제 정책을 지역에 뿌리내리도록 하기 위한 방안으로 간주될 수 있다. 그러나 이러한 사업은 진정한 의미에서 창조도시를 발전시키기 위한 것으로 평가되기 어렵다. 왜냐하면 정부가 창조경제를 우선 정책 목적으로 설정해놓고, 이를 실현하기 위한 수단으로 이러한 창조경제타운이나 창조경제혁신센터 사업을 추진하는 것처럼 보이기 때문이다.

창조경제타운이란 "사업화할 다양한 아이디어를 집합하고, 아이디어의 가치를 키우기 위해 전문적인 멘토링을 하며, 아이디어 제안자가 사업화나 창업을 할 수 있도록 범국가적인 창조경제 지원 사업들에 연계"하기 위한 플랫폼으로 정의된다. 미래창조과학부는 2014년 9월 말 창조경제타운 출범 1주년을 맞아 창조경제 성공 사례를 소개하면서 관련 기업들이 온라인 창업지원 플랫폼인 창조경제타운을 통해 큰 도움을 얻었음을 성과로 내세웠다. 그러나 실제 한 여당 국회의원의 분석에 의하면, 총 3300여 명의 멘토가 창조경제타운 시스템에 등록되어 있지만, 우수 아이디어의 사업화에 실질적으로 기여하는 전문가는 극소수인 것으로 밝혀졌다(≪중앙일보≫, 2014.9.25). 또한 지난 1년 동안 1회 이하의 도움을 제공한 멘토가 전체 등록 멘토의 91%에 달한다는 사실로 미루어, 실제 대부분의 멘토링이 1회로 끝나고 있음을 알 수 있다.

창조경제혁신센터란 "지역 인재들의 창의적 아이디어를 발굴해서 창업 및 사업화와 연계하고 중소·중견기업을 거쳐 글로벌 전문기업으로 성장하도록 지원하는 곳"이며, "지역의 일자리와 새로운 산업을 만들어내는 지역 창조경제생태계의 중심"으로 설정된다. 그러나 정부는 창조경제혁신센터가 그동안 창업과 벤처를 지원해왔지만, 활발한 상호작용으로 창조경제생태계를 구축하기에는 한계가 있었다고 자인했다.

정부는 창조경제혁신센터 운영의 이러한 한계를 극복하기 위한 방안으로 "대기업이 창조경제혁신센터와 연계하면서 창의적인 아이디어를 갖춘 창업자, 벤처기업 그리고 중소기업을 포함한 창조경제생태계"를 구축하고자 했다(〈그림 3.3.1〉). 창조경제 정책을 주관하고 있는 미래창조과학부는 이와 같은 창조경제혁신센터와 대기업이 일대일로 연계하는 방안으로, 첫째, 지역 창업자 벤처기업의 아이디어와 기술을 구체적인 사업 모델이나 상품으로 개발하고 판로 확보와 해외시장 진출을 위해 적극 지원하고, 둘째, 대기업이 우수기술을 직접 매입하거나 지분 투자에 참여하며, 셋째, 지역 내 창조공간 조성과 창조인재를 양성해 고용 창출하는 방안을 제시하고 있다.

그러나 이러한 창조경제혁신센터 구축 방안은 기존의 창업보육센터, 테크노파크 등 지역발전 관련 기관을 중앙정부 주도로 기획했던 사업과 중

〈그림 3.3.1〉 시도별 창조경제혁신센터와 대기업 간 연계

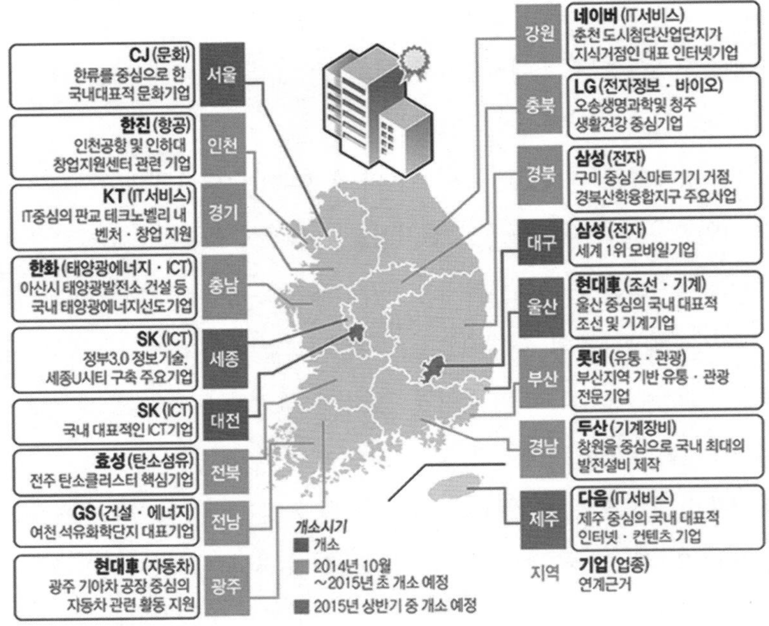

자료: ≪연합뉴스≫(2014.9.2).

첩되며, 기존에 있던 지역선도산업, 전략산업의 지원 프로그램과 동일하다는 점이 문제점으로 지적된다. 그뿐만 아니라 창조경제센터마다 차별화된 벤처기업의 예비창업자 지원 프로그램 없이 동일한 프로그램을 기획하고 있는 것으로 알려졌다. 또한 이러한 방안은 특정 지자체에서 제안된 창업 및 제품 아이디어가 매우 다양할 수 있음에도 특정 업종의 대기업과 일괄적으로 연계되도록 함으로써 창조적 아이디어의 다양성을 무시할 뿐만 아니라 이들이 대기업에 흡수되도록 방치 또는 조장한다는 것이 더 큰 문

제로 제기되기도 한다.

대구 창조경제혁신센터의 활동과 전망

대구 창조경제혁신센터는 전국 17개 시도의 창조경제혁신센터들 가운데 가장 먼저 개소했고, 국내 최대 재벌인 삼성그룹과 연계되었으며, 지자체도 관심을 가지고 적극적으로 지원하고 있다는 점에서 앞서가는 혁신센터로 꼽히고 있다. 대구센터에서 운영하고 있는 프로그램은 크게 6개월 단위로 입주 스타트업 기업을 받아 운영하는 씨랩(C-Lab), 그리고 창업에 관심을 가지는 사람이면 누구나 참여할 수 있는 교육 프로그램으로 나뉜다. 삼성과 업무협약(MOU) 체결로 운영되고 있는 스타트업 프로그램은 2015년 6월 말 1기를 배출해서 지역 전통의 섬유패션 산업에 새 생태계를 만들어냈다고 자평하고 있다.

또한 삼성그룹 계열사인 제일모직과 대구 지역 섬유패션 업체 간 상생협력 프로젝트인 'C사업'도 시작되어, 섬유패션 관련 신소재, 신기술 개발을 위한 공동 연구를 펼치는 한편, 협력 기업 중심의 스마트 공장 확산 지원과 섬유패션 분야 신소재 활용을 위한 멘토링 등도 제공하게 되었다. 대구시장은 "씨랩을 통해 대기업과 중소기업 간 협력 관계 모델을 확립하고, 섬유패션 분야에 실질적인 도움을 줄 수 있도록 노력할 것"이라고 말했다. 그 외에도 대구시와 대구 창조경제혁신센터는 20년 넘게 방치되었던 서부(전통)시장이 프랜차이즈 특화거리로 탈바꿈할 수 있도록 지원하고 있다. 서문시장도 야간 관광 명소화를 위한 지원을 받아서 야시장 조성, 특화상품

브랜드 개발을 통한 쇼핑 활성화, 엔터테인먼트를 위한 복합문화공간 조성 등의 계획을 세우고 있다.

이러한 사례는 대구 창조경제혁신센터가 도시의 창조경제를 활성화하기 위해 나름대로 노력하고 있음을 보여준다. 그러나 전국적 차원에서 대기업 지원 중심으로 지역경제 활성화 방안이 모색되고 있기 때문에, 실제 지역의 특화 산업이나 중소기업들을 중심으로 한 창조경제 생태계가 구축되기는 어려운 것처럼 보인다. 결국 대기업들이 센터를 기획하고 운영자금의 상당 부분을 담당하면서, 대기업 중심 사업에 중소기업이나 벤처기업 들이 하위 파트너로 참여하는 형태, 즉 대기업들이 지역의 창조경제까지 장악하는 대기업 중심 생태계로 흘러가고 있다는 우려도 나온다. 물론 대기업 역시 지역 창조경제를 지원할 수 있는 준비가 제대로 되지 않은 상황에서 정부의 압력에 떠밀려 갑자기 일을 맡게 된 탓에 그 기업만의 강점과 지역의 특성을 제대로 결합시키지 못하고 있다. 이러한 상황에서 정부는 지역의 창조경제를 주도하면서 대기업 간 지역 경쟁마저 부추긴다는 지적도 나오고 있다.

창조경제혁신센터가 실제 중소기업과 벤처기업 중심의 협력 네트워크를 구축하고 상생을 위한 생태계의 발전에 이바지한다면, 나름대로 중요한 의미를 가질 것이다. 그러나 대기업 중심의 지역경제 지배 구조와 지방의 중소기업들이 이에 종속하는 생태계가 구축된다면, 이는 진정한 의미의 창조도시 정책에 역행하는 모습일 것이다. 이러한 문제에서 벗어나기 위해 개별 도시나 지역의 창조경제혁신센터는 지역에 뿌리를 둔 중소기업 간 네트워크를 구축할 수 있는 여건을 조성해나가야 한다. 또한 개별 도시나 지역의 센터들은 지역별 전담 대기업에만 의존할 것이 아니라 필요할 경우 다른 지역의 센터와 연계할 필요가 있다. 예를 들면, 대구센터와 경북센터, 나아가 부산, 울산, 경남에 있는 센터들은 지리적 인접성과 산업적 연계성을 고려해 상호 협력과 보완성을 증대시키기 위한 네트워크와 거버넌스를 구축함으로써 광역적 창조도시화를 촉진해나갈 수 있을 것이다.

2015.7.23.

제 4 장

도시 경관과 문화

1 도시의 재개발과 경관의 창조적 파괴

2 도시의 새로운 난장, 축제와 박람회

3 위기에 처한 도시의 문화공간, 대학로

4-1

도시의 재개발과 경관의 창조적 파괴

도시의 발달: 단절과 연속의 역사

역사적으로 인간은 도시를 발전시켰고, 도시는 인간 삶의 터전으로서 사람들의 생활을 풍요롭게 했다. 이러한 인간 생활의 터전으로서 발달한 도시는 단절과 연속의 역사를 가진다. 오늘날 세계의 많은 도시는 각각 고유한 역사와 기억 속에서 만들어진 경관과 장소의 다채로운 특성을 간직하고 있다. 그러나 이 도시들에도 변화하지 않는 것은 아니다. 대도시는 이전 시기의 경관과 장소를 대체하면서 끊임없이 변해가는 과정이 쌓인 결과물이라고 할 수 있다. 대도시의 경관은 역사적으로 일정한 연속과 단절 또는 지속과 전환의 과정 속에서 쉽게 파괴되지 않는 구조화된 특성을 지니며, 그 도시에 역사적 깊이를 더해가고 있다(홍금수, 2009). 문제는 도시의 장소와 경관이 어떠한 배경 속에서 단절과 연속의 변화 과정을 겪고 있는가라는 점이다.

자본주의 사회의 도시들은 그 이전의 도시들과의 관계 면에서 특히 단절적이다. 왜냐하면 오늘날 자본주의 사회의 도시들은 경관이나 장소의 생산 및 재창출 과정에서 그곳에서 살아가는 사람들의 의식이나 가치보다는 자본축적과 지배 권력의 이해관계를 더 많이 반영하고 있기 때문이다. 이 때문에 도시의 경관이나 장소가 가지는 고유한 특성과 이와 결부된 정체성은 점차 상실되고 있다. 반면 오늘날 세계적 대도시들은 현재의 사회경제체제, 즉 자본주의하에서 요구되는 기능적 활동을 담당하는 공간으로 전환해가고 있다. 특히 지구지방화 과정에서 촉진되는 도시재생으로 도시경관의 변화는 가속화되고 있다.

자본주의 도시에 잔존해 있는 역사적 경관들은 이러한 단절적 전환 과정을 거쳤음에도(또는 그 과정 속에서) 오랜 세월 형성되고 전해 내려온 사회적 기억의 장소로서 도시 공간의 한 부분을 차지한다. 기념비적 사건이나 인물의 역사뿐만 아니라 일반인의 일상생활의 역사를 반영하고 있는 장소나 경관 역시 그러하다. 그러나 현대 도시가 이러한 역사적 경관을 지속시키기 위해 시행하는 유지·보존·복원 정책은 선진국과 개도국 간에 상당한 차이를 보인다. 서구 선진국의 대부분 도시는 상대적으로 오랜 역사와 연속적으로 진행된 도시화 과정 속에서 형성·발전해왔다. 이 과정에서 도시의 역사와 문화가 중시됨에 따라 이를 반영한 도시의 역사적 경관은 문화적 의미와 가치를 인정받으며 나름대로 잘 보존·유지될 수 있었다.

한국의 도시 발달과 도시 경관

제3세계의 도시들, 특히 한국을 포함해 급속한 산업화와 도시화 과정을 겪은 국가의 도시들은, 선진국의 도시와는 달리 기존의 노후한 도시 경관을 전면적으로 철거하고 대규모의 획일적인 도시 개발을 촉진해왔다. 이 과정에서 낡고 볼품없는 도시 경관은 역사와 문화의 가치를 제대로 평가받지 못한 채 허물어져갔다. 특히 이른바 '달동네'라고 불리는 도시 서민의 삶과 생활방식이 만들어낸 독특한 도시 경관은 거의 대부분 흔적도 없이 사라졌다. 재개발과 재건축이 무분별하게 확산되면서 서민의 애환을 담고 있던 판자촌은 철거되고, 대규모 고층 아파트 단지가 건설되었다. 이로 인해 도시는 역사와 장소에 따라 독특하게 형성된 개성을 상실하고, 어디든 획일화되고 비슷비슷한 경관을 가지게 되었다.

자본주의 도시 공간의 발달 과정에서 파괴와 소멸의 대상이 된 것은 비단 서민이 일상생활을 영위했던 장소와 경관만이 아니다. 특정한 역사적 의미를 가지는 장소나 경관도 흔히 그러했다. 이러한 사례는 최근 진행된 동대문운동장과 그 주변지역의 재개발 과정에서 찾을 수 있다. 1926년 일제 강점기에 축구장으로 만들어진 동대문운동장은 본래 조선시대 치안을 담당했던 하도감과 군사훈련을 담당하던 훈련도감이 있던 자리이자, 성곽을 통과하는 수문도 있던 곳이다. 일제 강점기 경성부는 이러한 역사적 경관과 장소를 철거하고 당시 '동양 제일'의 경기장을 만들었다. 처음 '경성운동장'으로 개장되었던 이 경기장은 해방 이후 '서울운동장'으로, 1985년 다시 '동대문운동장'으로 이름이 바뀌는 동안 크고 작은 운동 경기와 함께 대규모 집회 등 근현대사에서 주요한 일들이 일어났던 곳이다. 이러한 역사성과 장소성을 간직한 동대문운동장이 철거되고, 그 자리에 패션디자인 산업과 이와 연계된 관광산업의 육성을 위해 새로운 시설이 조성되었다.

동대문운동장 지역의 재개발은 근대적 문화유산의 가치를 절하하는 한편, 자본주의적 이윤을 창출하기 위해 경관을 재구조화하는 과정으로 이해된다. 동대문운동장과 부대시설을 철거한 후 건설된 컨벤션센터나 디자인 전시관 등은 경관의 재편성을 통해 자본축적을 위한 새로운 장소를 만들고자 하는 의도를 반영한 것이라고 할 수 있다. 그러나 역사적 건축물과 경관을 소멸시키는 도시 공간의 자본주의적 발전 과정은 필연적으로 어떤 공간적 모순에 처하게 된다(정희선, 2009). 도시가 발전하기 위해서는 더 많은 도시 경관과 건조 환경이 창출되어야 하지만, 이렇게 창출된 기존의 도시 경관이나 건조 환경은 결국 새로운 발전에 장애 요인이 되기 때문이다. 자본주의적 도시 경관의 변화는 바로 이러한 내재적 모순을 표출하고 있다.

도시 경관의 '창조적 파괴'

이와 같이 자본의 필요에 의해 요구되는 도시 공간을 물리적·사회적·상징적으로 (재)창출하는 과정에 내재된 긴장과 모순의 결과로 경관은 끊임없이 형성되고 재형성된다. 물론 자본의 논리에 따른 도시 경관의 변화와 이를 통해 표출되는 자본주의 도시 공간의 내재적 모순은 한국에서만 나타나는 현상은 아니며 자본주의 도시의 발전에서 일반화된 것이라고 할 수 있다. 이와 같이 자본주의 도시 공간의 발전 과정에서 기존의 경관이나 장소를 소멸시키고 자본축적을 위해 건조 환경을 재창출하는 과정은 흔히 '창조적 파괴'라고 불린다.

창조적 파괴란 외형적으로 도시 경관을 바꾸기 위해 필수적으로 수반되는 기존 경관의 파괴와 이를 대체하는 새로운 경관의 조성을 지칭한다. 그러나 이 개념은 이러한 외형적인 현상의 서술보다는 훨씬 구조적인 과정을 함의한다. 즉, 창조적 파괴란 도시 재구조화 과정에서 사용가치가 잔존하고 있는 기존 경관의 파괴와 더불어 유휴자본을 흡수하기 위한 새로운 창조를 의미한다(최병두, 2012: 170). 그뿐만 아니라 이러한 창조적 파괴 과정은 도시 공간의 소유 및 이용 주체를 전환시키며, 도시(재)개발에 따른 이익을 편향적으로 전유하도록 하는 한편, 그 비용(피해)을 도시의 빈곤 계층이나 소외집단에 전가시키는 계급적 측면을 함의한다.

또한 이러한 창조적 파괴 과정은 기억의 억압 및 정체성의 대체와도 관련된다. 노후한 건축물의 철거와 재개발 과정에서 발생하는 경관의 물질적 형태 변화는 흔히 장소 이미지와 정체성의 변화를 동반하며, 해당 경관이나 장소와 관련된 개인적·집단적 기억도 변화시킨다. 특히 도시 (재)개발 과정에 따른 도시 경관의 변화는 도시 하위 계층의 생활 흔적이나 기억을 제거하고, 지배 집단의 경관적 요소 및 이들과 관련된 정체성이 부각되도록 한다. 즉, 도시 재개발은 도시 경관의 창조적 파괴인 동시에 파괴적 창조이다. 왜냐하면 이 과정에서 하위집단의 경관과 기억은 파괴되는 한편, 지배집단의 경관과 기억은 재창조되기 때문이다.

우리는 이러한 개별 사례에서 나아가 일반적으로 자본주의 도시의 경관

〈표 4.1.1〉 자본주의 도시의 경관 및 장소의 창조적 파괴

	'파괴'의 계기	'창조'의 계기
물질적 형태	• 시설과 주변 환경의 노후화·불량화 • 비집약적 토지 이용, 장소의 개방성(무허가 판자촌, 달동네)	• 시설과 주변 환경의 쾌적성 • 고밀도 토지 이용, 폐쇄적 장소(고급 아파트 단지, 빗장도시, 엔클라브)
사회적 활용	• 시설의 전근대적 공급(비시장적 방식, 자조주택이나 공적 제공 등) • 공동체적 개발과 공동 이용의 한계 • 전근대적(공동체적) 생활공간 해체	• 자본에 의한 공급, 시설의 상품화(부동산시장 활성화) • 이윤 창출과 개발이익의 사적 전유 • 근대적·탈근대적 생활공간의 재구성
상징적 의미	• 사회계층적 이동성 차단 • 개인적·집단적 포부와 희망의 좌절 • 사회공간적 통합 저해	• 사회계층적 양극화(은폐) • 지배 계층의 권위와 권력 상징화 • 새로운 사회통합 분위기 창출

및 장소의 철거와 재창출을 통해 전개되는 창조적 파괴 과정에서 '창조'의 계기와 '파괴'의 계기를 살펴볼 수 있을 것이다(〈표 4.1.1〉).

신자유주의적 도시재생과 창조적 파괴

이러한 도시 경관의 창조적 파괴는 최근 신자유주의적 지구지방화 과정을 통해 더욱 심화되고 있다. 지구지방화 과정 속에서 추동되는 도시재생 사업들은 자본순환을 촉진하는 건조 환경을 확충함으로써 경관의 변화를 초래하고 있다. 서울의 한강르네상스 사업이나 인천경제자유구역 개발사업 등은 엄청난 투자를 통해 대규모 시설을 개발하려 한다. 이러한 대규모 도시재생 사업은 통합적인 계획 없이 사안별로 추진된다는 점에서 '계획'에서 '프로젝트'로의 전환을 전제로 한다. 도시재생 사업을 통한 새로운 거대 경관의 창출은 역사적 경관의 보전이나 복원을 통해 신자유주의적 도

시화의 힘을 매우 가시적으로 반영하면서, 그 속에서 살아가는 사람들의 경관 이용 방식이나 생활양식 그리고 도시에 대한 이미지를 변화시키고 있다.

물론 이러한 대규모 도시재생 사업 또는 프로젝트는 한국뿐 아니라 전 세계에서 지난 10~20년 전부터 추진되어왔다. 여기에는 영국과 프랑스를 연결하는 해협 터널, 덴마크와 스웨덴 간의 외레순 교, 유럽 전역을 이어주는 초고속철도 같은 터널, 교량, 고속도로, 항만 등의 다양한 시설이 포함된다. 과거 대부분의 국가에 의해 조성되었던 이러한 거대 경관은 다양한 펀드와 프로젝트 파이낸싱project financing을 통해 동원된 민간자본에 의해 건설·운영되고 있다. 프로젝트 파이낸싱이란 신용도나 담보 대신 사업 계획과 이에 따라 미래에 발생할 수익성 등을 고려해 자금을 제공하는 금융 기법을 말한다. 만약 미래의 수익성이 보장되지 않을 경우 추진되던 사업은 부도의 위기를 맞아 중단될 수 있다.

이러한 도시 경관의 창조적 파괴는 도시 재생 과정에서 새로운 의미와 정당성에 의해 뒷받침된다. 즉, 자본주의 경제의 지구지방화 과정에서 개별 도시는 신자유주의적 경쟁에 내몰리면서 도시 경관의 재구성을 통해 도시 이미지를 개선하도록 강제된다. 세계의 대도시들은 역외 기업과 관광객을 유치하기 위해 유행처럼 도시 마케팅을 추진하고 있다. 또한 도시 경관과 장소의 역사적 복원은 도시의 정체성을 되찾고 도시가 가지는 장소로서의 매력을 높여줄 것이라고 강조된다.

이러한 이유로 최근 대부분의 도시는 도시 이미지를 제고하기 위한 도시 축제나 공공예술 프로젝트를 앞다투어 시행하고 있으며, 도시의 역사와 문화를 드러내기 위한 박물관이나 전시관에 엄청난 투자를 하기도 한다. 그러나 실제 도시의 역사적 경관과 장소를 복원 또는 재창출하고자 하는 작업은 대부분 개발업자와 토지소유자, 대기업과 정치가를 중심으로 추진되고, 이에 따른 이익도 대부분 이들에게 전유된다.

자본과 권력은 매우 가시적이고 역동적인 방법으로 도시 경관을 변화시키고 있다. 초국적 자본의 유치를 위해 대규모 지구 개발(예를 들어 경제자유구역 등)이 촉진되면서 과거 도심의 경관은 소멸되고, 새로운 장소에 새로운 경관이 조성·활성화되고 있다. 초국적자본에 대한 국지적·국가적 시장의 개방은 대규모 교통 및 정보통신 인프라 구축과 더불어 쇼핑몰, 대형매장, 대기업의 체인점 등의 유치를 촉진할 수 있지만, 대신 전통시장이나 소규모 가게를 사라지게 한다.

우리의 생활공간 주변에서 전개되고 있는 이러한 경관의 변화는 신자유주의화되고 있는 도시 공간의 생산 또는 창조적 파괴를 이해하는 주요한 근거를 제공한다. 즉, 자본주의 도시 공간에서 전개되는 재개발 과정과 건조 환경의 조성은 인위적으로 생산된 자본주의적 경관을 불확실한 미래에까지 지속시키려는 것으로, 자본의 축적과 확대재생산 그리고 물신화된 권력을 향한 지배계급의 강력한 의지를 반영한다.

2012.11.

4-2

도시의 새로운 난장, 축제와 박람회

새로운 구경거리, 축제와 박람회

도시 곳곳에서 축제 또는 박람회라는 이름으로 각종 행사들이 개최되고 있다. 2014년 10월 대구 지역에서는 대구 국제오페라축제가 중반에 접어들면서 열기를 더해가는 가운데, 우리에게 잘 알려진 이탈리아 정통 오페라 〈라 트라비아타〉와 한국 창작 오페라 〈보석과 여인〉이 동시에 공연되어 골라 보는 재미를 느끼게 했다. 또한 대덕문화전당에서는 지역의 전통 사찰인 부인사를 배경으로 한 뮤지컬 〈데자뷰〉가 공연되었다.

대구 엑스코에서는 레저 산업 활성화와 골프, 캠핑 대중화를 목적으로 골프·캠핑박람회가 열렸고, 대구경북 창조경제 대축전이 개최되어 선발된 대표 중소기업체들에 대한 시상과 창조경제 관련 특강이 마련되었다. 대구 엑스코에서는 10월만 해도 공예문화박람회, 경향하우징페어, 대구

〈그림 4.2.1〉 칠곡 인문학마을축제 팸플릿

자료: 칠곡군 홈페이지.

패션페어, 대구국제커피·카페박람회 등이 열렸고, 앞으로도 물산업전, 행정산업정보박람회, 지방자치박람회 등이 연이어 열릴 예정이다.

대구와 인접한 칠곡군에서는 열흘간 군내 여러 마을에서 특별한 체험을 즐길 수 있는 '칠곡 인문학마을축제'가 개최되었다. 13개 마을에서 각종 축제가 열렸으며, 왜관읍 금남2리에서 열린 '강바람 축제'에서는 시인들의 시낭송, 서각 전시, 단심줄 놀이 등을 통해 마을을 알리고자 했다. 이 축제는 '주민 주도'의 기치를 내세워 주민이 직접 기획하고 진행하는 다양한 인문학적 체험 프로그램을 선보이며 공동체 의식을 고양시키고자 했다는 점에서 의의가 있었다.

이러한 크고 작은 축제나 박람회는 회를 거듭할수록 행사 주제와 방식을 다양화하면서 주민들의 관심과 참여를 증대시켜왔다. 2014년 9월 말 대구자연과학고에서 열린 도시농업박람회에는 3일간 19만여 명이 다녀갔고, 10월 10~12일 열렸던 '감고을 상주이야기 축제'에는 14만여 명이 참여해 성황을 이루었다. 참여한 주민들은 흥미로운 정보를 수집하고 즉석에서 상품들을 구매하거나 각종 프로그램을 체험해보기도 했다.

전통적 축제, 난장

최근 붐을 일으키고 있는 도시축제나 각종 박람회, 전시회, 예술 공연 등은 지역 문화와 일정한 관계를 가진다는 점에서 지역에 고유한 행사인 것처럼 보인다. 그러나 이러한 행사들은 대부분 외국 도시에서 개최되는 축제나 박람회를 벤치마킹한 것이라고 할 수 있다. 그런데 사실 한국에도 전통적으로 이러한 축제들이 있었다. 특히 오늘날 도시 축제나 박람회는 전통 축제에 시장의 기능을 겸한다는 점에서 과거의 장과 비교해볼 수 있다.

한국에서는 18세기 이후 농업 생산과 함께 수공업이 발달하면서, 농기구나 농산물을 사고파는 정기시장이 5일 간격으로 열렸다. 이러한 5일장 외에도 '난장'이라는 부정기적인 장이 열렸다. 난장-場은 장이 문을 닫았는

데도 새로 '난' 장이라고 해서 붙여진 이름이다. 난장은 어떤 지역에서 특정 시점에 고유한 생산물들이 한꺼번에 출하될 경우 상품 순환을 촉진할 목적으로 열렸다. 대규모 난장이 열린 곳은 주로 강을 끼고 있는 교통의 요지로, 남한강의 목계, 금강의 강경, 낙동강의 안동 등이었다. 난장과 비슷한 형태로 연평도의 조기 파시波市나 약재를 거래하는 약령시도 있었다.

난장에서는 철따라 수확된 각종 곡물뿐 아니라 지역의 주요 특산물도 함께 거래되었다. 난장은 거래 물량이 많고 각지에서 많은 사람이 모여들었기 때문에 사기나 행패를 부리는 일이 종종 발생하기도 했다. 이 때문에 난장은 흔히 많은 사람이 뒤섞여 마구 떠들어대는 곳, 즉 난장亂場으로 오해받거나 그것과 혼용되기도 했다. 어쨌든 난장은 많은 사람이 북적거리면서 서로 소통하고 흥겨워 춤추고 노래하는 축제였다.

오늘날 도시의 축제나 박람회도 분명 이런 난장의 성격을 가진다. 도시에는 재래시장에서 백화점, 대형마트에 이르기까지 다양한 종류의 시장이 있음에도 축제나 박람회가 따로 열리는 것은 특정한 목적에 따라 홍보물이나 상품을 전시하고 관련 정보를 교환할 별도의 장이 필요하기 때문이다. 그러나 이와 같은 필요성이 인정된다고 하더라도 행사의 목적이 무엇인지, 누구를 위한 행사인지는 여전히 의문이 남는다.

기업 홍보의 장이 아니라 공동체 문화의 장으로

최근 축제나 박람회라는 이름을 가진 행사들 가운데 상당수는 알고 보면 관련 기업이 자기 상품을 전시하고 판매를 촉진하기 위한 홍보의 장이다. 또한 어떤 행사는 이를 주최하는 지방자치단체나 관련 기관이 자신의 업적을 알리거나 특정한 행사를 추진하기 위해 시민을 끌어 모으려는 수단으로 간주되기도 한다. 이 과정에서 축제의 실제 주체라고 할 수 있는 시민들은 간과되거나 배제되는 경우도 있다.

그뿐만 아니라 도시의 축제나 박람회 가운데 일부는 여전히 실속 없이 보여주기만을 위한 전시로 끝나기도 한다. 어떤 축제는 여러 지역에서 거의 비슷한 내용으로 동시에 개최되기도 하고, 마련된 체험 프로그램이 참여를 원하는 관람자들을 모두 받아들이기에 턱없이 부족한 경우도 있다. 행사의 실무 담당자들은 왜 이러한 행사를 개최하는가를 제대로 인식하지 못한 채 평상시 업무에 추가된 행사 업무로 인해 힘겨워한다.

제조업 중심의 산업사회에서 문화서비스 경제에 바탕을 둔 탈산업사회로 전환하면서, 도시의 축제와 박람회는 중요한 의미를 가지게 되었다. 각종 축제나 박람회는 고유한 문화적 전통을 복원하고 장소 이미지를 제고함으로써 도시나 지역의 발전을 추동하는 주요한 계기가 될 수 있다. 그러나 이러한 행사는 단순히 기업의 제품 마케팅이나 지자체의 이미지 홍보를 위한 수단이 아니라 도시 공동체의 소통과 공감, 주민들의 정서와 유희성을 고무시키고 문화적 발전을 위한 장이 되어야 할 것이다.

2014.10.24.

4-3 위기에 처한 도시의 문화공간, 대학로

사라질 위기에 처한 문화공간, 대학로

연휴를 맞아 서울 시내에서 가볼 만한 곳으로 대학로와 같은 문화공간을 꼽을 수 있다. 서울의 대학로는 사실 전국적으로도 모르는 사람이 없을 정도로 잘 알려진 문화공간이다. 서울에서 대학로는 인사동, 홍대 주변 거리와 더불어 젊은이들이 즐겨 찾는 장소로, 특히 연극과 뮤지컬을 공연하는 극장들이 집중되어 있다. 이로 인해 대학로는 주말이나 연휴에는 엄청난 인파가 몰려 문화공간의 활기를 느낄 수 있는 곳이다.

그런데 2015년 3월 대학로 마로니에 공원 주변에 연극인들이 상여를 둘러메고 곡을 하는 장면이 연출되었다. 이 장면은 연극이 아니라 실제 상황이었다. 대학로에 문을 열고 공연을 시작한 지 28년째인 소극장 '대학로극장'이 폐관의 위기를 맞자 이를 반대하는 집회가 열린 것이다. 폐관의 원인은 임대료 급등인데, 건물주가 월 340만원인 임대료를 440만원으로 올려 달라고 했다고 한다(≪한국일보≫, 2015.3.26).

대학로가 서울시 문화지구로 지정되었던 2004년만 해도 그곳의 월 임대료는 150만 원이었다. 그 이후 10년 사이 임대료는 두 배 이상 치솟았고, 건물주는 이것도 모자라 임대료를 더 올려달라고 했던 것이다. 그동안 아파트나 도시 건축물의 가격과 임대료가 지속적으로 상승했고 때로는 급등했다는 점에서, 대학로가 겪고 있는 임대료 상승 역시 이러한 과정의 일부로 이해할 수 있다. 그러나 대학로가 겪고 있는 문제의 상당 부분은 도시의 문화공간이라는 특수한 장소성과 정책의 시행 과정에서 빚어진 것이다.

도시의 문화공간이 겪고 있는 이러한 문제는 대학로뿐만 아니라 다른 곳에서도 발생하고 있다. 예를 들어 서울 홍익대학교 주변의 문화공간 역시 같은 문제를 겪고 있다. 2009년 이곳에 문을 열어 젊은이들 사이에 인기가 있었던 작은 카페가 돌연 문을 닫게 되었는데, 그 이유는 건물주가 월세를 150만원에서 300만원으로 두 배 올리겠다고 통보했기 때문이라고 한다(≪한국일보≫, 2014.11.26). 이러한 현상이 발생하는 것은 결국 문화공간이 활성화될수록 상업적 기능이 발달하면서 기존의 문화활동을 밀어내는 역설적인 과정 때문이라고 할 수 있다.

문화공간으로서 대학로의 발달 과정

대학로는 본래 서울대학교가 있었던 자리로, 대학교가 1975년 관악산 기슭으로 이전한 뒤 한적한 주택가로 남게 되었다. 그러다 1980년대 중반

〈그림 4.3.1〉 대학로 문화공간 정보 팸플릿

부터 소극장이 하나둘씩 모여들면서 문화예술의 공간으로 변모했다. 문화예술인들의 활동무대는 유동인구를 불러 모았고, 음식점이나 다른 여러 서비스업종을 끌어들이면서 더욱 붐비게 되었다. 이에 따라 대학로는 대한민국 '연극의 메카'라는 상징성을 가지게 되었다.

이러한 상황에서 2004년 대학로 일대는 서울시로부터 문화지구로 지정되었다. 지정 당시만 해도 문화예술인들은 정부의 지원으로 문화공간이

한층 더 발전할 것으로 기대했다. 실제로 공연장 수는 2004년 57곳에서 2008년 109곳으로 늘었고 한때는 200여 곳에 달했다. 또한 2005년 6000개 정도였던 상업시설도 그 후 1만여 개에 이르게 되었다.

이와 같이 공연장과 관련 상업시설의 증가는 대학로가 외형적으로 팽창하고 화려해진 것처럼 보이도록 했다. 그러나 대학로는 문화지구 지정 이후 오히려 본래 기능과 모습을 잃어버리게 되었다. 그동안 늘어났던 소극장은 줄줄이 문을 닫게 된 반면, 대학이나 대기업들이 소유·운영하는 대형 극장과 각종 상업시설은 계속 증가하는 추세이다. 70~150석 규모의 소극장이 폐관하게 된 것은 정부의 문화지구 지정 때문이라고 할 수 있다. 지구 지정은 공연장의 건물주에게 취득세와 재산세 감면 등의 혜택을 주었지만, 문화예술인들에게는 사실 거의 아무런 혜택도 주지 않았다.

그뿐만 아니라 지구 지정 이후 대학과 대기업의 대형 극장이 들어오면서 건축물 거래 가격과 임대료는 급등한 반면, 극장들 간 경쟁 과열로 관객 유치는 오히려 어렵게 되었다. 또한 건물비나 임대료 상승은 관람료 인상을 압박했다. 이 때문에 돈이 되지 않는 작품은 무대에서 사라지고 상업적 경쟁력을 가진 뮤지컬과 코미디류, 또는 대형 스타마케팅을 내세운 공연만 살아남게 되었다. 이 때문에 상업성이 떨어지는 예술 작품은 대학로에 발을 붙이지 못하고 밀려나면서 위기에 처하게 된 것이다.

도시의 문화공간, 어떻게 살릴 것인가?

대학로의 소극장들은 이 지역을 한국의 대표 문화공간으로 발전시킨 주역이다. 소극장이 대학로에서 사라지고 대형 극장만 남게 되면 연극 생태계는 다양성의 상실로 붕괴될 것이다. 남아 있는 소극장 또한 100석 남짓한 객석을 매일 관객들로 가득 채운다고 해도 임차료와 제작비 상승으로 운영이 어려워 결국 도태되고 말 것이다. 이런 이유로 '대학로극장' 대표는 "연극은 끝났고, 무대는 사라졌으며, 대학로는 죽었다"라고 말했다.

대학로 문화공간을 살리기 위해서는 무엇보다 정부의 적극적이고 실질적인 지원이 필요하다. 연극은 문화예술인들과 관객이 서로 교감하는 소통의 예술이다. 공연장은 연극인과 시민 누구나 참여해서 공연을 통해 의사소통하고 문화적 복리를 향상시킬 수 있는 공유공간이다. 정부는 이러한 공유공간을 재활성화하거나 새롭게 구축하기 위해 건축 소유주나 대규모 상업적 경영자가 아니라 실제 문화예술 공연자와 관객을 지원하는 정책을 추진해야 한다.

정부의 적극적인 지원과 자유로운 공연 활동의 보장이 동시에 이루어지지 않는다면 대학로의 문화공간은 결국 사라지거나 상업적 성향을 가진 문화만 살아남는 상업공간으로 전락할 것이다. 물론 열정적인 문화예술인들은 부동산 가격이 저렴한 서울의 변두리나 교외 지역으로 뿔뿔이 흩어져 공연활동을 이어갈 수도 있다. 그렇지만 그렇게 된다면 대학로가 가지는 문화적 상징성과 장소성, 그리고 여기에 함의된 엄청난 상징자본의 가치를 잃게 될 것이다.

2015.5.1.

제 5 장

주택정책과 부동산시장

5-1

박근혜정부 주거복지정책의 의의와 한계

박근혜정부에 거는 기대

물러간 이명박정부의 정책에 대한 국민들의 여론은 상당히 부정적이었다. 그 가운데 대표적인 실책은 4대강 사업 등 대규모 토건사업을 중심으로 한 부동산 정책이라고 할 수 있다. 4대강 사업에 투입된 돈은 발표된 것만으로도 22조원이다. 국민들이 낸 엄청난 세금이 국민 생활과는 직접 관계가 없는 하천에 투입되어 오히려 환경을 파괴·오염시키는 한편 건설 대기업의 배만 불린 꼴이 되었다.

자연의 생태적 복원 능력에 맡겨두어도 될 하천에 구태여 그 많은 돈을 투입해서 거대한 보를 만들고 바닥을 준설한 것이다. 그 이유는 무엇이었을까? 사업의 문제점에 대해 새 정부가 좀 더 철저하게 조사해줄 것을 기대한다. 그러나 분명한 사실은 그 돈으로 공공임대주택을 지었더라면 서민들의 주거복지는 훨씬 개선되었을 것이라는 점이다.

그래서 국민들은 주거복지를 강조한 박근혜 후보를 지지한 것 같다. 하지만 새 정부의 태도 역시 이중적이다. 겉으로는 국민들의 복지를 우선 챙기는 것처럼 보인다. 박근혜정부의 초기 부동산 정책은 주택시장의 거래 활성화보다는 서민 주거 복지에 우선 관심을 두고 있는 것처럼 보였다. '하우스푸어', '렌트푸어'에 대한 대책들이 관심을 끌었기 때문이다.

겉과 속이 다른 주거복지정책

그러나 박근혜정부가 내세운 주거복지정책의 실효성과 이를 실행할 관료 선임에 대한 사회적 여론은 그렇게 긍정적이지 않았다. 한 예로 하우스푸어 대책인 '보유주택지분매각제도'는 담보대출로 주택을 구입했지만 대출금을 갚느라 빈곤 상태에 처한 이른바 하우스푸어들이 빚을 갚을 수 있도록 주택 지분 일부를 국가재정으로 매입하는 정책이다. 그러나 실제 이 정책은 채무 조정 없이 은행 대출금의 일부를 상환하도록 함으로써 대출금 미상환으로 발생할 수 있는 금융기관의 피해를 막기 위한 전략이라고 할 수 있다.

렌트푸어 대책인 '목돈 안 드는 전세제도'는 집주인이 임대주택을 담보로 은행에서 부족한 전세금을 빌리고 그 이자를 갚는 방식이다. 이 제도는 자산이 없는 세입자를 대신해서 집주인이 은행 대출을 받고 그 이자를 세입자로 하여금 갚도록 한다는 점에서 외형적으로는 세입자를 위한 정책인 것처럼 보인다. 그러나 집주인 입장에서는 전세를 원하는 세입자가 넘쳐

날 뿐만 아니라 이 제도대로 했다가 세입자가 이자를 갚지 않을 경우 집을 경매당할 위험이 있기 때문에 이 제도를 따를 가능성이 거의 없다. 만약 이 제도를 촉진하기 위해 집주인에게 인센티브를 준다면 이는 결국 다주택 보유자를 위한 정책이 될 것이다.

이와 같이 박근혜정부가 선거과정에서 제시하고 인수위에서 재확인한 주거복지정책들은 진정한 의미에서 서민을 위한 실효성 있는 정책이라고 보기 어렵다. 오히려 이 정책들은 서민의 주거문제 해결을 명분으로 무분별하게 대출을 해준 금융기관이나 다주택을 보유·임대하는 집주인의 피해를 줄이기 위한 대책이라고 하겠다.

하우스푸어 대책이 제대로 시행되려면 지나치게 대출을 많이 받은 대출자 본인과 이들에게 무분별하게 대출을 해준 금융기관이 함께 손실을 감수하도록 하는 채무 조정 절차가 도입되어야 한다. 또한 실효성 있는 렌트푸어 대책을 위해서는, 예를 들어 '행복주택'이라는 이름으로 철도부지 위에 인공대지를 조성할 것이 아니라 국공유지를 제한적으로 풀어서 생태적으로 안전한 공공임대주택을 점진적으로 늘려나가는 것이 바람직하다.

진정한 주거복지정책을 추진하려면

진정한 주거복지를 위한 대책은 이를 체계적으로 추진해나갈 수 있는 의식과 능력을 갖춘 관료를 필요로 한다. 그러나 박근혜정부의 관련 부서 장관으로 내정된 사람은 규제 완화를 주장해온 시장경제학자이다. 그는 지난 정부에서 건설사나 다주택자를 위한 분양가 상한제와 다주택자 양도

소득세 중과 폐지 등을 주장했다.

주거복지를 포함한 모든 분야에서 복지는 시장의 논리로 해결할 수 없다. 왜냐하면 시장에서 낙오된 사람들을 우선적으로 배려하는 것이 복지이기 때문이다. 진정한 복지란 시장의 논리가 아니라 인간의 생존권과 정의의 논리를 우선으로 한다. 또한 앞으로의 경제발전은 지식정보·문화산업에 좌우될 것이며, 더 이상 건설자본이나 경기부양책에 의존하지 않을 전망이다.

이러한 전망하에서 볼 때, 박근혜정부는 공급과 수요의 논리에 따라 주택시장을 이해하거나 부동산 거품가격을 떠받치기 위해 인위적으로 부동산 경기부양을 추동하는 정책을 더 이상 감행해서는 안 된다. 특히 주거복지는 권력과 시장의 논리, 경기부양의 관점이 아니라 권리와 정의의 논리, 서민 생활의 관점에서 제시되어야 한다.

2013.12.25.

보론: 박근혜정부의 주거복지정책, '불행한 행복주택'

박근혜정부는 선거공약으로 내걸었던 주거복지정책을 '행복주택'이라는 이름으로 추진했다. 그러나 실제 약속한 정책은 비현실적인 설계와 졸속 행정으로 현실에서 제대로 작동하지 않았다고 평가된다. 이로 인해 행복주택 사업은 첫 삽도 뜨기 전에 '불행한 주택'이라는 오명을 얻기도 했다(≪한겨레 21≫, 2013. 11.27). 2013년 정부가 연내 2800가구의 임대주택 착공을 발표한 지 사흘 만에 일부 지정예정지구의 주민들은 비상대책위원회를 구성해서 반대 운동을 펼쳤고, 이로 인해 사업지구로 공식 지정조차 하지 못했다.

박근혜정부가 추진하는 행복주택 정책은 도심에 위치한 철도부지 등 저렴한 국공유지에 임대주택을 건설해서, 기초생활수급자뿐 아니라 우리 사회에서 주거 취약 집단이라고 할 수 있는 대학생, 사회 초년생, 신혼부부 등에게 주변 시세의 절반에서 3분의 1 가격에 공급한다는 취지이다. 이 주거정책은 취지만 보면 기존의 공공임대주택보다도 보편적인 주거권 실현에 적합하다고 할 수 있다. 그러나 현실에서는 제대로 실현되기 어려운 탁상공론에 가까웠다.

물론 이러한 상황은 박근혜정부의 임기 첫해에 발생한 것으로, 국민들이 정부가 내세운 주거복지정책의 기본 취지를 제대로 이해하지 못했거나, 이를 실현하기 위한 행정이 제대로 뒷받침되지 않았기 때문이라고 할 수도 있다. 사실 반대가 심각했던 서울 목동 지역의 경우, 임대주택 건설이 주변 지역의 이미지를 실추시키고 아파트 가격 하락을 초래할 것이라는 기존 지역주민들의 이기주의적 우려 탓도 있었다. 그러나 정부는 이러한 반대 가능성을 처음부터 고려해서 일방적으로 사업지구를 지정할 것이 아니라 주민들과 일정한 협의 과정을 거쳐야 했다.

그런데 문제는 지역주민의 반대에만 있는 것이 아니었다. 예를 들어 유수지(하천 수량 조절 저수지), 철길 등 특수한 지형적 조건 위에 인공 대지를 조성해서 주택을 건설하려면 특수 공법이 필요하기 때문에 건축비가 턱없이 비싸진다. 그러한 예로 서울의 오류지구에서 계산된 건축비는 평당

(3.3m²당) 1700만원(토지비 제외)에 달해, 수도권에 짓는 민간아파트의 평당 건축비(400만 원)의 네 배가 넘는 수준이었다(≪한겨레 21≫, 2013. 11.27).

다른 유형의 주거정책도 제대로 시행되지 않았다. 렌트푸어를 대상으로 2013년 8월 말 출시된 '목돈 안 드는 전세제도'의 경우 두 달 정도 지난 11월 초까지 단 두 건의 대출 실적을 기록했다. 전셋집을 구하는 세입자가 넘쳐나는 전세대란의 와중에 세입자를 대신해 빚을 지려는 집주인이 어디 있겠는가? 하우스푸어를 위한 '보유주택 지분매각제도' 역시 이용자가 없었다. 주택바우처 제도도 마찬가지로 저소득층의 주거비 부담을 크게 줄일 수 없을 뿐 아니라, 오히려 임대료를 상승시키는 역효과를 초래할 것으로 우려되기도 했다.

이러한 문제점 때문에 정부는 2013년 말 부동산 대책 후속조치로 '행복주택'의 공급 규모를 당초 20만 가구에서 14만 가구로 30% 줄이기로 했다. 그러나 입주 기준을 완화하다 보니 기초생활수급대상자 외에 새로운 수혜자들에 대한 형평성 논란이 일었고, 재원 마련 역시 기존 주택기금융자 방식을 벗어나지 못했으며, 최소 6조 원가량의 정부 예산이 투입될 예정임에도 정책 효과는 제대로 검증되지 않은 채 사업이 추진되었다.

국토교통부는 2014년 7월 이러한 행복주택 사업을 계속 추진하기 위해 연내 2만 6000여 가구 규모의 사업을 승인하기로 하고, 이 가운데 1만 여 가구(37%)는 대구, 부산 등 지방 15개 지구에 공급한다고 발표했다(〈그림 5.1.1〉). 그리고 2015년 6월 말에는 서울 강동구 강일지구 등 4개 단지 847 가구에 대해 '행복주택 첫 입주가 10월에 이뤄질 것'이라고 예고하고, 입주

〈그림 5.1.1〉 2014년 행복주택사업지구 분포도

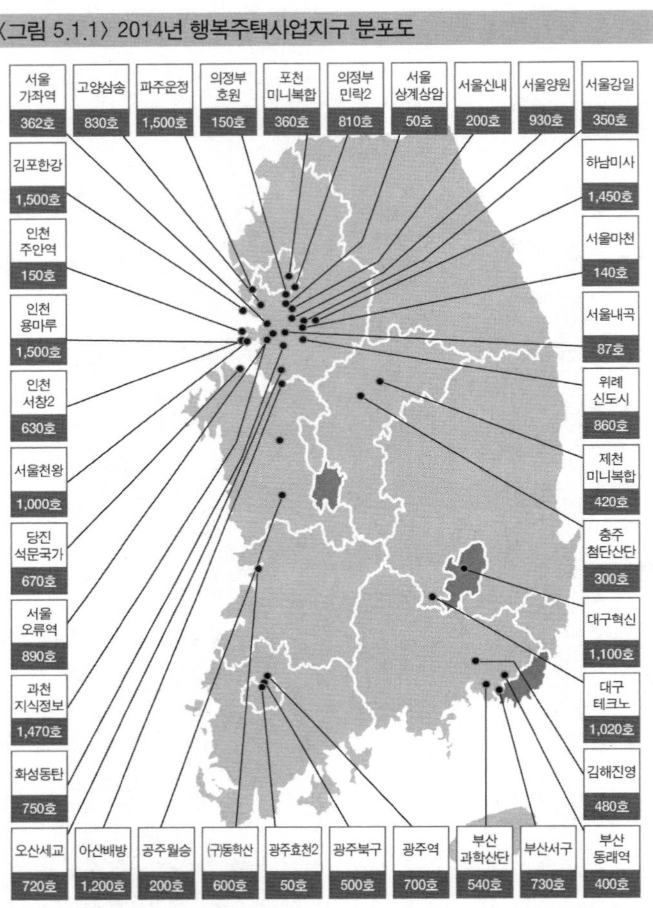

자료: 국토교통부(2014.9.2. 인포그래픽). ≪아주경제≫(2014.7.16)에서 재인용.

자 모집 요강을 발표했다. 7월 초에는 전국에 행복주택 3만 8000여 가구가 들어설 부지를 추가로 확정했다고 발표했다.

그런데 입주대상자를 대학생, 건강보험 5년 미만 사회 초년생, 신혼부부 등으로 한정하다 보니 취업준비생, 대학원생 등이 제외되어 입주 자격의 형평성 문제가 불거졌다. 그뿐만 아니라 빈곤한 노령층도 제외된다는 점에서 한 언론사는 "폐지 모아 고물상에 파는 노인이 낸 세금을 중형차 타는 대기업 신입사원의 임대료를 보조하는 데 쓰는"(≪이데일리 뉴스≫, 2015. 7.5) 꼴이 된 셈이라고 비아냥거리기도 했다. 국토부는 또한 행복주택 부지를 추가로 확정했다고 발표하면서 확정되지 않은 부지나 부지 여건에 맞지 않은 수요를 끼워 넣기까지 했다는 점이 지적되기도 했다.

심지어 국토부는 개발 가능 부지를 '공공주택지구'로 지정해서 행복주택과 일반 분양 주택, 상업 업무 시설 등을 복합적으로 개발하는 방안(이른바 '행복타운')을 논의하고 있는 것으로 알려지고 있다. 이러한 문제는 정부가 행복주택 확보 목표 14만 채를 채우기 위해 무리하게 사업 규모를 확대하다가 발생한 일이라고 할 수 있다. 그러다 보니 정부의 행복주택 정책은 임대주택의 임대료만 올려놓고 실제 필요한 계층을 혜택에서 배제하는 '불평등을 부르는 행복주택'이라는 비난을 받는 처지가 되었다.

5-2
부동산시장, 날개는 달았지만……

들썩이는 부동산시장

2014년 하반기 들어 부동산시장이 들썩거렸다. 한 부동산 조사 업체의 발표에 따르면, 최경환 부총리가 현 정부의 2기 경제팀 수장으로 내정되기 직전인 2014년 6월 초 시세 기준으로 627조 3000억 원이던 서울 아파트 값의 총액이 8월 초 631조 3000억 원으로 증가했다고 한다(≪CBS 노컷뉴스≫, 2014.8.12) 두 달 만에 서울 아파트 시세총액이 4조 원 가까이 증가한 것이다. 바야흐로 부동산 경기가 날개를 달고 날게 된 것처럼 보인다.

최경환 부총리가 취임한 이후 주택 매매 가격의 동향을 보면, 취임 직후 두세 달 동안 월 0.2% 정도 상승하다가 연말과 연초에 다소 주춤했지만, 2015년 2월부터는 다시 급등하기 시작해 전국적으로 월 0.4% 정도의 상승률을 보였다(〈그림 5.2.1〉). 이에 덩달아 주택 전세 가격도 급등해서,

〈그림 5.2.1〉 주택 매매 가격 동향(2014.7~2015.6, 단위: %)

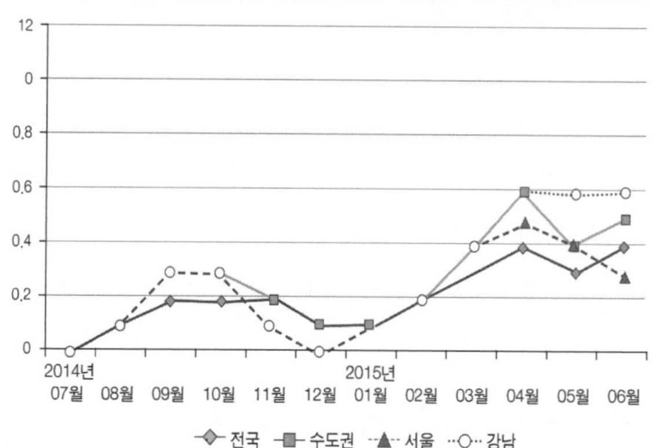

자료: 통계청, e 나라 지표.

〈그림 5.2.2〉 주택 전세 가격 동향(2014.7~2015.6, 단위: %)

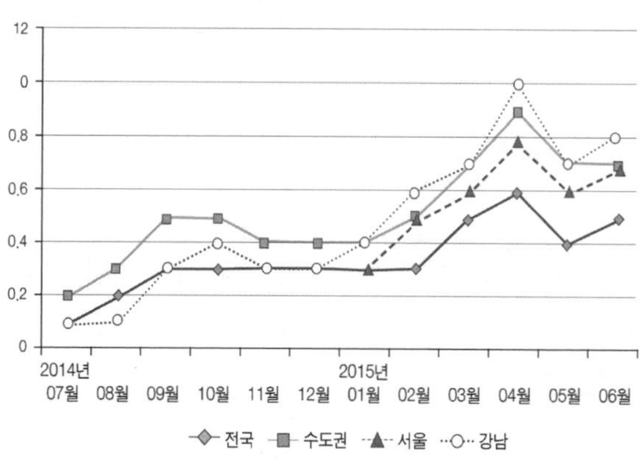

자료: 통계청, e 나라 지표.

2014년 9월 이후부터 매월 0.3% 이상의 상승률을 보였고, 수도권과 서울, 특히 강남의 전세 가격도 더 크게 치솟고 있다(〈그림 5.2.2〉).

부동산시장이 이렇게 요동치게 된 것을 두고, 언론은 이른바 '최경환 효과' 때문이라고 풀이한다. 그는 부총리로 내정된 직후부터 부동산 관련 규제 완화를 예고했고, 취임한 이후 이를 실행에 옮겨가고 있다. "현재의 부동산 규제는 한여름 옷을 한겨울에 입고 있는 격"(≪연합뉴스≫, 2014.7.16)이라고 비유하면서, 주택담보인정비율(LTV), 총부채상환비율(DTI), 재건축 안전진단 기준 등 각종 규제 완화가 필요하다고 주장했다.

최 부총리는 취임 후에 부동산 경기부양책뿐 아니라 다양한 경제정책을 제시하고 있다. 기업소득환류세제, 가계소득확대세제 등 내수시장 활성화 방안을 들고 나왔고, 비정규직의 정규직 전환 지원도 언급했다. 한국은행 총재를 만나 재정과 통화신용정책에 의한 수요 진작 방안을 논의하기도 했다. 이러한 정책을 제안하면서, 최경환 부총리는 "경제 난제를 풀려면 지도에 없는 길을 가야" 한다고(≪연합뉴스≫, 2014.7.18) 역설했다.

일관성을 상실한 경제정책

이러한 경제정책의 취지는 대체로 옳은 것처럼 보인다. 당면한 경제의 어려움은 "단기적이고 일시적인 요인보다는 겹겹이 쌓인 구조적이고 복합적인 문제가 표출된 결과"라는 최 부총리의 진단은 공감할 만하다. 경제구조를 수출주도형에서 가계소득 중심으로 전환시키려는 정책에는 진보론자들도 별 이의가 없을 것이다. 최근 주식시장의 호황과 2014년 7·30 재보선에서 여당의 압승은 이러한 경제정책에 대한 호응이라고 할 수 있다.

정부는 이러한 경제적·정치적 반응을 등에 업고 서비스산업에 대한 '투자활성화 대책'을 내놨다. 보건·의료, 관광, 문화콘텐츠, 교육, 금융, 물류,

소프트웨어 등 7개 서비스산업의 규제를 대폭 완화해서 15조 원 규모의 투자를 유치하고, 18만 개의 일자리를 만들겠다고 한다. 그러나 여기에는 의료 영리화 촉진책이 포함되었고, 국립공원 케이블카 설치나 복합리조트 설립 지원 등 산지 개발을 통한 관광산업 활성화 방안도 들어 있다.

그러나 문제는 이러한 정부의 경제정책에 일관성이 없다는 점이다. 박근혜 대통령은 선거공약 때부터 창조경제와 함께 경제민주화를 외쳤지만, 취임 후에는 경제민주화를 완전히 포기한 상태다. 최경환 부총리는 내수시장 활성화를 통한 소득주도형 경제성장을 강조하면서도, 전경련 등 재계와 지자체장의 요구 사안을 그대로 받아들여 서비스산업 활성화 대책을 확정·발표했다. 현 정부의 규제 완화 전략은 과연 누구를 위한 것인가?

정부의 내수시장 활성화 방안이나 서비스산업 투자 대책은 어떻게 추진되고 있는지, 그리고 그 실효성은 어떠한지를 평가하기는 아직 이르다고 할 수 있다. 그러나 정부가 이미 시작한 부동산 규제 완화 대책은 일단 꼼꼼히 따져볼 필요가 있다. 부동산 규제를 완화한다고 해서 부동산시장이 활성화되는 것은 아니며 서민들의 전세값이 안정되는 것은 더더욱 아니다. 그뿐만 아니라 부동산시장이 활성화된다고 해서 경제성장이 촉진되는 것도 아니다. 이제 정부나 기업 그리고 시민들도 '부동산 신화'로부터 벗어나야 한다.

부동산 규제 완화 효과의 한계

사실 정부가 부동산시장 활성화를 위해 LTV, DTI와 같은 대출 규제를 풀었지만 정작 은행에서는 정책 취지와는 다른 모습이 연출되고 있다고 한다. 실제 은행 대출을 받아 집을 사겠다는 사람은 많지 않고, 오히려 집을 담보로 자영업자의 사업 자금이나 자녀 학자금 등 생활 자금을 빌리려는 수요가 더 몰린다고 한다. 대출 규제 완화가 정부 정책의 의도와는 달리 부동산시장을 활성화하기보다 생활고에 시달리는 서민들의 가계부채만 더 늘릴 것으로 우려되는 지점이다.

주택담보대출에 따른 주택 매매가 활성화되고 이에 따라 주택 매매 가격이 오르기 시작했지만, 주택 매매의 활성화가 전세 가격의 안정으로 이어지기보다는 오히려 전세 가격 상승을 더욱 부추기고 있다는 점도 문제다. 이로 인해 전세대란은 심화되고, 민간 임대주택에서는 주택 가격의 상승분을 월세로 받는 경우가 급속히 증가하고 있다.

또 다른 문제는 부동산 규제 완화의 효과로 서울 강남 3구와 기타 지역 간에 뚜렷한 차이가 나타난다는 점이다. 즉, 최경환 부총리 취임 직후 두 달 동안 서울 지역 아파트 가격이 상승한 총액 4조 원 가운데 61.5%는 강남, 서초, 송파구의 상승분이었고, 그 외 12개 구는 미미하게 증가했으며, 나머지 13개 구에선 오히려 하락했다. 재건축 아파트의 경우 양극화 현상은 더욱 뚜렷해서, 증가한 지역은 강남 등 4개 구에 불과했다. 결국 부동산 규제 완화의 혜택은 서울 강남권 아파트에만 집중된 것이다.

부동산 정책이 빚어내는 양극화 문제는 임대소득과세 방침의 폐지 조짐에서도 여실히 나타난다. 더 큰 문제는 설령 부동산 시세가 오르더라도 그것이 경제성장으로 이어질 것이라는 확신이 없다는 점이다. 규제 완화 정책은 부동산시장, 나아가 경제 전반의 활성화를 위해 날개를 달아준 것이라고 하겠다. 그러나 부동산시장이 날 수 있을지 의문스럽다. 날더라도 한 쪽 날개로만 날 경우 추락할 것이다. 설령 날 수 있다고 하더라도 어디로 날아갈지 알 수 없다.

2014.8.14.

5-3 주택시장의 정상화 또는 주거불평등의 심화

주택가격의 상승

2014년 주택시장의 거래량이 2006년 이후 처음으로 100만 호를 넘었다. 한국감정원에 의하면 주택 매매 가격도 1.17% 올랐다고 한다. 이 수치는 얼핏 보면 얼마 되지 않는 것처럼 보이지만, 그전 해인 2013년의 상승률 0.31%에 비하면 상당히 높은 것이다. 전국의 전세 가격은 3.4% 올랐다. 이는 상당히 높은 수치이지만, 2013년 4.7%에 비하면 다소 둔화되었다. 2014년 중반 이후 실시한 적극적인 부동산 규제 완화 정책이 효과를 나타내는 것처럼 보인다.

이러한 수치는 전국 평균치로, 지역별로는 큰 차이를 보인다. 매매 가격 상승률이 가장 큰 지역은 대구시로 6.28%이고, 그다음 경북 3.57%이다. 전세 가격 상승률도 대구가 6.05%로 가장 높고, 그다음이 수도권 지역이

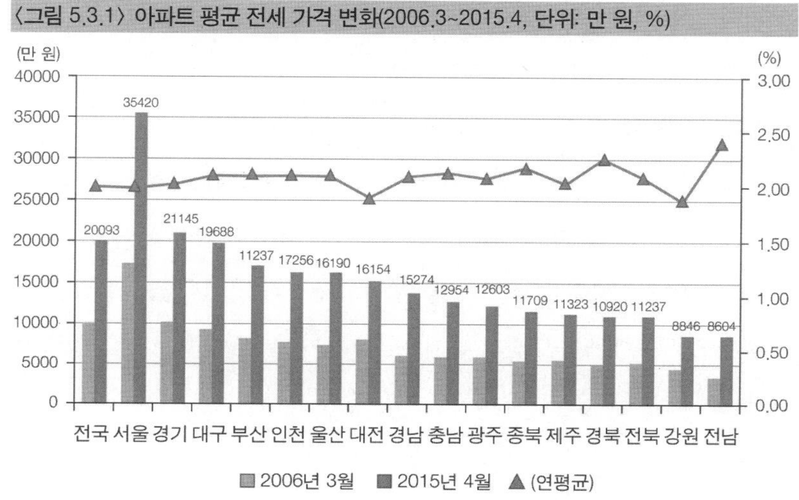

〈그림 5.3.1〉 아파트 평균 전세 가격 변화(2006.3~2015.4, 단위: 만 원, %)

자료: ≪한국경제≫(2015.4.16).

다. '부동산 114'에 따르면, 대구의 아파트 매매 가격 상승률과 전세 가격 상승률은 이보다 더 높아서 각각 10.87%, 11.55%를 보였다.

광역지자체 가운데 지역총생산성(GRDP)이 줄곧 꼴찌인 대구시가 주택 매매가와 전세가의 상승률에서는 전국 최고를 보인 것은 정상적이라고 볼 수 없는 심각한 문제다. 특히 수성구와 동구가 매매 가격 상승률에서는 각각 17.02%, 12.44%, 전세 가격 상승률에서는 각각 18.05%, 16.9%로 전국 1, 2위를 다툰 것으로 나타났다.

사실 그동안 대구의 주택 가격과 전세 가격은 서울과 경기를 제외한 다른 도시나 지역에 비해 상대적으로 높은 편이었다. 〈그림 5.3.1〉에서 볼 수 있는 것처럼, 지난 2000년대 중반 이후 대구의 가구당 평균 전세 가격은 부산, 인천, 울산에 비해서도 상당히 높았다. 물론 2014년에 전세 가격이 특히 더 높았던 데에는 동구 혁신도시 건설과 입주라는 요인이 일부 작용하긴 했지만, 어느 정도는 투기적 요인이 작동했다고 볼 수밖에 없다.

전국적으로 보면, 가구당 평균 전세 가격은 2006년 3월 1억 원대를 넘어섰고, 그 이후 9년 사이 두 배로 상승해서 2015년 4월에는 2억 원을 상회했다. 이러한 전세 가격의 상승률은 같은 기간 매매 가격 상승률 34%에 비해 월등히 높은 것으로 조사되었다. 물론 이렇게 전세 가격이 높은 것은 서울과 경기도를 포함한 수도권의 전세 가격이 높기 때문이지만, 상승률로 보면 대전과 강원을 제외한 대부분의 지역에서 두 배 이상 상승한 것으로 나타난다.

주택시장의 정상화?

전국적으로 보면, 주택 매매 가격의 상승은 2014년 8월 정부의 대출 규제 완화로 거래량이 상당히 증가했고 이것이 가격 인상으로 이어졌기 때문인 것으로 풀이된다. 또한 2015년 들어 전세 가격 상승률이 다소 둔화된 것은 전세 세입자들이 주택 소유자의 요구로 일부 월세로 전환하거나 일부 매매로 전환하면서 전세시장이 그나마 안정되었기 때문이라고 할 수 있다. 그러나 앞으로 주택 매매 가격의 상승으로 전세 가격 역시 상승할 것으로 추정된다.

이러한 주택시장의 회복세를 두고, 정부는 "부동산시장이 정상화 단계를 밟아가고 있다"라고 평가한다. 특히 정책을 주도하는 최경환 경제부총리는 주택 거래량이 100만 호를 넘어선 것은 "부동산 투기 붐이 일어난

2006년 이후 처음"이라고 자화자찬했다. 시장 활성화로 "집이 거래되어 하우스푸어를 면했다는 말을 주변에서 많이 듣는다"라고 덧붙였다.

정부는 주택시장의 회복세가 앞으로도 이어지길 기대하고 있다. 이러한 기대는 특히 2014년 말 이른바 '부동산 3법'의 국회 통과로 더욱 고무되었다. 국토부의 한 관계자는 "정부가 지속적으로 내놓은 주택시장 정상화 대책으로 주택거래가 증가하는 등 회복세"를 보이고 있고, 부동산 3법의 효과로 "앞으로 탄탄한 회복세를 이어갈 것으로 기대한다"라고 말했다.

'부동산 3법'이란 주택법 개정(민간택지 분양가 상한제의 사실상 폐지), 재건축 초과이익 환수에 관한 법률 개정(초과이익 환수 유예 3년 연장), 그리고 도시 및 주거환경정비법 개정(재건축 조합원에게 소유 주택 수만큼 주택 공급 허용)을 의미한다. 이러한 법률 개정은 그동안 부동산 거래에 걸림돌이 되었던 규제를 풀어서 시장을 활성화시키기 위한 것이다.

그러나 이러한 기대는 다음과 같은 의문을 자아낸다. 과연 주택시장의 거래 활성화와 가격 상승이 '정상화 단계'를 밟고 있는 것이라고 할 수 있는가? 거래가 활성화되면 집 없는 사람들이 '하우스푸어'를 면할 수 있는가? 거래의 활성화와 이를 위한 정책들이 부동산 부자들에게 더 많은 이익을 안겨주어 자산의 양극화를 더욱 심화시키는 것은 아닌가?

주거불평등을 심화시키는 주택시장 정책

정부가 주택시장의 활성화를 통해 기대하는 것은 사실 경기부양이다. 그러나 주택시장 규제 완화로 경기가 부양될 것이라고 기대하기는 어렵다. 왜냐하면 현재의 경기 불황은 세계경제의 장기 침체에 따른 것이기 때문이다. 그뿐만 아니라 주택보급률이 102%에 달하는 현재 상황에서, 부동산 공급정책으로 경기를 부양하기란 거의 불가능할 것으로 보인다.

정부의 이러한 주택시장 정책은 경기부양보다는 오히려 다주택 소유자들의 이해관계를 반영한 것이라고 볼 수 있다. 거래 활성화를 명분으로 한 규제 완화는 분양가 폐지로 주택가격의 상승을 부채질할 것이다. 재개발 이익의 환수 유예와 다주택 보유 혜택의 허용은 노골적으로 주택 소유자들의 이익을 보장할 것이다. 부동산 3법이 효과를 발휘하면 결국 고가 아파트 또는 재개발 단지의 주택 소유자만 큰 이익을 얻을 것이다.

반면 주택시장의 활성화는 전세 가격의 안정이나 무주택 서민들을 위한 방안이 되지는 못한다. 지난 연말 부동산 3법의 통과 과정에서 서민주거복지특별위원회의 구성, 공공임대주택 10% 확대 등의 결의안도 처리되긴 했다. 그러나 전월세에 대한 직접적인 대책 요구는 결국 무산되었다. 최경환 부총리는 부동산 3법 개정과 전월세 상한제를 맞바꾸자는 야당의 제안을 한마디로 거절했다. 과연 부동산 3법은 누구를 위한 법 개정인가? 누구를 위한 주택시장의 활성화인가?

2015.1.5.

보론: 부동산 3법이란?

2014년 말 국회를 통과한 부동산 3법은 주택법 개정안, 재건축 초과이익 환수에 관한 법률 개정안, 도시 및 주거환경정비법 개정안을 의미한다. 이 법은 주택공급과 관련해서 발생하는 주택시장의 과열과 투기, 개발이익의 편향적 소유 등을 막고 주택가격의 안정을 유지하기 위해 시행되어 왔지만, 그동안 부동산시장 활성화에 걸림돌이 되는 규제로 간주되면서 관련 조항에 대한 개정이 추진된 것이다.

주택법 개정의 주요 사항은 민간택지 분양가 상한제를 사실상 폐지한 것이다. 개정안에 따르면, 공공택지에서 공급되는 공동주택은 현행대로 분양가 상한제를 의무 적용하지만, 민간택지에는 탄력적으로 운영하기로 했다. 즉, 주택가격이 급등하거나 급등할 우려가 있다고 판단되는 민간택지에는 분양가 상한제를 적용하지만, 그렇지 않은 지역에는 적용하지 않게 되었다.

재건축 초과이익 환수에 관한 법률 개정안은 2014년 말까지 유예됐던 재건축 초과이익 환수제를 2017년까지 3년간 더 연장한다는 것이다. 국토부의 발표에 의하면, 재건축 초과이익 환수제 유예 조치의 영향을 받을 것으로 예상되는 사업은 전국 562개 재건축 사업(2014년 말 기준) 가운데 347개 구역, 18만 4000 가구로 추산된다. 지역별로는 수도권에 179개 구역(10만 7000가구), 서울에 85개 구역(6만 1000가구) 등이다.

그리고 도시 및 주거환경정비법 개정안에 의하면, 서울 등 수도권 과밀억제권역에서 재건축 사업을 할 때 조합원은 가진 주택 수에 관계없이 재건축 주택을 한 채만 분양받도록 제한했던 것을 보유한 주택 수만큼(세 채까지) 분양받을 수 있도록 했다. 이러한 세 가지 법안의 개정으로 정부는 재건축사업의 불확실성을 해소하고 주택시장의 회복세가 더욱 촉진될 것이라고 주장했다. 그러나 부동산 3법의 개정으로 주택시장이 활성화될 경우 주택개발업자와 다주택 소유자들에게는 혜택이 돌아갈지 모르지만, 저소득층 전월세가구에는 별로 도움이 되지 않을 것이고, 전월세 가격은 계속 급등세를 보일 것으로 전망된다.

제 6 장

도시 주거와 서민생활

1 누구를 위한 '기업형 임대주택'인가?

2 금리 1% 시대, 서민 부채의 함정

3 구룡마을 철거, 합법과 강제 사이

6-1
누구를 위한 '기업형 임대주택'인가?

임대주택과 저소득층의 주거 안정

임대주택은 기본적으로 자가주택을 가지지 못한 저소득계층 사람들이 일정 기간 보증금(전세)이나 매월 임대료(월세)를 내고 살아가는 주택을 의미한다. 물론 중상위계층에서 여러 이유로 임대주택에 거주하는 경우도 있지만, 이와 같은 일은 대체로 한시적으로 이루어진다. 따라서 임대주택은 일반적으로 중간 계층 이하의 서민들이 주거하는 공간이라고 할 수 있다.

한국의 주택보급률은 전국적으로 100%를 상회했지만 자가보유율은 2006년 55.6%였고, 그 이후 오히려 감소해 2014년에는 53.6%가 되었다(〈그림 6.1.1〉). 반면 자가주택을 보유하지 못해 전세나 월세로 살고 있는 사람은 45%에 달한다. 이러한 차가借家가구의 저소득층 서민들은 실질임금의 상대적 저하와 더불어 전세 및 월세의 급등으로 심각한 이중적 생활

〈그림 6.1.1〉 주택 점유 형태별 비율 변화(단위: %)

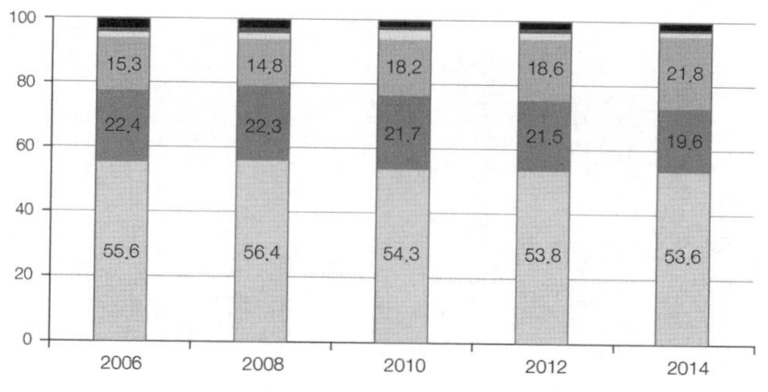

자료: 국토교통부(2015.1.23), 2014년도 주거실태조사(보도자료).

〈그림 6.1.2〉 차가가구 중 전월세가구 비율 변화(단위: %)

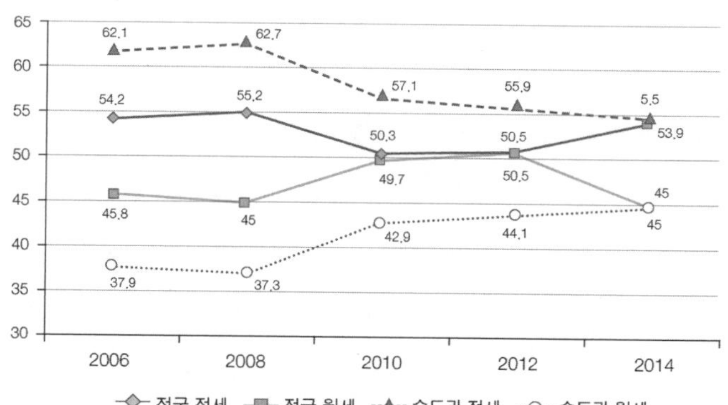

자료: 국토교통부(2015.1.23), 2014년도 주거실태조사(보도자료).

고를 겪고 있다. 특히 최근 이자율의 인하로 임대주택 소유자들이 전세에서 월세로 전환하는 바람에 문제가 더욱 심화되고 있다. 2014년에는 전국 임대주택시장에서 월세 세입자의 비중이 전세 세입자의 비중을 추월한 것

〈그림 6.1.3〉 임대주택 건설과 공급 주체별 비중 추이

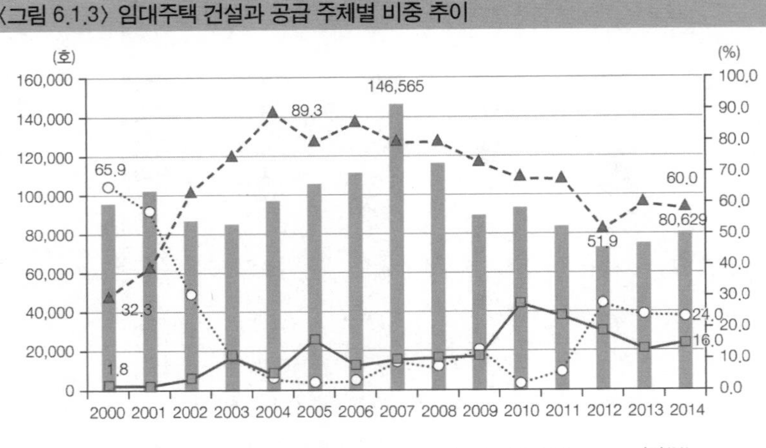

자료: 통계청, e-나라 지표.

으로 조사되었다(〈그림 6.1.2〉).

이러한 상황에서 서민들의 주거비용을 상대적으로 줄여주고 주거환경을 개선하기 위한 공공임대주택의 공급이 절실하게 요청된다. 2000년대 이후 한국의 임대주택 건설 실적을 보면, 2007년까지는 지속적으로 증가해서 14만 7000호에 달하게 되었지만 그 이후 건설 실적이 크게 줄어 2014년에는 8만 채 정도에 지나지 않았다. 특히 이러한 임대주택의 공급을 주체별로 보면, 2000년대 초에는 민간 공급 임대주택이 65.7%를 차지했지만 그 이후로는 주택공사 및 지자체가 건설하는 공공 임대주택 공급이 크게 늘어 공급량의 80% 이상을 차지했다. 그러나 2000년대 말에 들어오면서 다시 민간 임대주택의 건설량이 늘어나고 있다(〈그림 6.1.3〉).

물론 임대주택시장의 민간 참여도 어느 정도 필요하지만, 기본적으로

민간 임대주택은 서민들의 주거생활 지원보다는 소유자들의 임대료 수입을 목적으로 건설된다. 따라서 지자체나 공기관이 임대주택 공급에 주도적인 역할을 함으로써 임대주택시장, 나아가 전체 주택시장을 안정시키는 것이 바람직하다. 이러한 점에서 볼 때 정부가 임대주택시장에 민간 참여를 확대하기 위해서 각종 인센티브를 제공하는 정책을 시행하는 데 대해 의문이 제기될 수 있다. 대체 누구를 위한 '기업형 임대주택'인가?

'기업형 임대주택'이란?

국토교통부는 지난 1월 13일 대통령 업무보고 자리에서 '기업형 주택임대사업' 방안(이른바 '뉴 스테이' 정책)을 발표했다. 기본 취지는 민간 기업이 건설·운영하는 임대주택의 공급을 늘려서 중산층의 주거 불안을 해소하겠다는 것이다. 정부는 무주택 서민뿐 아니라 중산층의 주거까지 염려하는 것처럼 보인다.

사실 지난 몇 년 사이 전셋값이 크게 치솟았고, 저금리 때문에 전세가 월세로 빠르게 전환했다. 2012년 전체 임차가구 가운데 월세는 49.9%를 차지해 그 비중이 전세보다 조금 낮았지만, 2013년에는 55.0%로 늘어났다. 앞으로 이런 추세는 계속될 전망이다. 이러한 이유에서 정부는 임대주택 정책의 외연을 중산층으로까지 확대하려는 것으로 추정된다.

국토부는 이 정책을 위해 복잡한 임대주택 기준을 일반형과 기업형으로 단순화했다. 기업형 임대는 8년 이상 장기 임대주택을 300호(건설임대) 또는 100호(매입임대) 이상 임대하는 경우이다. 이 정도 규모라면 중대형 건설사 또는 리츠 회사라고 할 수 있다. 정부는 이러한 민간 기업이 임대주택 공급에 참여하도록 유도하기 위해 규제 완화, 세제 혜택, 저리 대출, 택지 제공 등 모든 수단을 동원하고자 한다.

우선 기존의 임대주택 관련 규제 가운데 의무 기간 설정과 임대료 인상 제한을 제외하고 다른 모든 규제는 없애기로 했다. 이에 따라 임대사업자는 초기 임대료를 임의대로 정할 수 있게 되었다. 또한 정부는 8년 장기 임대주택에 대해 취득세 감면 폭을 50%로 확대하고 자기관리형 리츠의 임대소득에 대해서는 법인세를 8년간 100% 감면하기로 했다.

장기 임대주택 사업자들에 대한 융자 금리도 인하하고, 기금출자 확대 등 금융지원도 강화하기로 했다. 이에 더해 이들에게 가용한 모든 택지를 제공하겠다고 밝혔다. 그렇게 되면 토지주택공사(LH)가 보유한 공공택지와 그린벨트는 물론 도심 내 각종 공공부지, 재개발·재건축 사업부지, 공공기관 이전부지까지 모두 이 사업을 위한 용지로 동원할 수 있게 된다.

기업을 위한 임대주택 정책

그러나 기업형 임대주택 정책을 발표한 이후 이를 둘러싼 논란이 확산되고 있다. 우선 이 정책은 중대형 건설사나 리츠사에 임대주택의 공급 확대를 유도함으로써 주택시장을 오히려 교란시킬 수 있다는 점이 우려된다. 대도시들도 이제 주택보급률이 100%를 넘어섰다. 가구의 절반 정도는 여전히 전월세 가구이지만 이는 다주택 보유자가 많기 때문이다. 따라서 다주택 보유에 대한 관리 제도를 보완할 필요가 있다.

또한 사업 참여를 유도하기 위해 중대형 기업들에 세금 감면 등 각종 혜택을 주기로 한 점도 심각한 논란거리다. 사업 참여자들의 임대 수익률(최소 5% 이상)을 보장해주기 위해 각종 세금 혜택을 제공한다면 결국 세수 감소로 국민들이 추가 부담을 안거나 정부 부채가 확대될 것이다. 심지어 이들에게 세탁, 청소, 이사, 육아 등의 주거서비스까지 허용한다면 공동주택 주변 영세업자들을 위한 골목상권이 죽을 것이다.

그뿐만 아니라 기업형 임대주택 공급을 명분으로 개발제한구역을 해제하고 도심 내 공공부지를 헐값에 매각하는 것은 초법적 발상이라는 지적도 받고 있다. 대도시 주변 그린벨트 해제는 자연환경을 파괴하며, 땅값 상승에 따른 시세차익은 사업자에게만 돌아간다. 그린벨트 해제를 통한 기업형 임대주택 건립 계획은 이명박정부가 추진했던 '보금자리 주택' 정책과 비슷한 형태로, 이 사업은 거의 아무런 성과를 거두지 못했다.

무주택 서민을 위한 임대주택 정책을 위하여

끝으로 문제는 이 정책이 정작 높은 전·월세로 고통 받는 무주택 서민들을 외면하고 있다는 점이다. 심지어 정부가 제시한 기업형 임대주택의 월 임대료 수준은 중산층에도 부담스러운 금액이다. 게다가 사업자들은 이윤 추구를 위해 계속 임대료를 인상할 것이다. 결국 이번 정책은 서민이든 중산층이든 실제 세입자를 위한 것이 아니라 온갖 특혜를 얻게 된 중대형 건설사와 리츠사를 위한 것이라고 할 수 있다.

서민들에게 필요한 것은 전월세 시장의 안정과 저렴한 임대주택이다.

우선 임대주택시장의 90%를 차지하는 다주택소유 개인을 대상으로 한 보유 규제와 지원 대책으로 시장 안정화 방안을 모색해야 한다. 임대주택 공급을 확대하려면 민간 사업자에게 특혜를 주면서 높은 수익률을 보장하기보다 차라리 기존 방식대로 공기업이 공공기금을 활용해서 임대주택 건설을 늘리도록 하는 것이 더 바람직하다. 이 방식은 사업 수익을 재투자해 공공임대주택 공급의 안정성에 기여할 수 있기 때문이다.

더욱 바람직한 방안으로 조합형 공동주택을 제안할 수 있다. 시민들이 주택협동조합을 구성하고, 한국토지주택공사와 같은 공기업의 지원으로 택지를 저렴하게 마련해 공동주택을 직접 건설하면 사업의 안정성이 보장되고 사업에 따른 수익도 시민들에게 돌아간다. 중대형 기업에 주겠다는 특혜 조건 정도면 지방뿐만 아니라 수도권이나 서울에서도 이러한 조합주택을 건설할 수 있을 것이다.

2015.1.30.

6-2
금리 1% 시대, 서민 부채의 함정

기준 금리 1% 시대의 도래

역사상 처음으로 한국에도 기준 금리 1% 시대가 도래했다. 2015년 3월 12일 금융통화위원회가 기준 금리를 2.0%에서 1.75%로 인하하겠다고 깜짝 발표한 것이다. 이번 금리 인하는 정치권으로부터 강한 압박을 받은 것처럼 보인다. 왜냐하면 한국은행 총재는 그동안 금리 인하에 대해 신중한 태도를 보였고, "금리를 조정할 경우 사전에 시그널을 주겠다"라며 예측 가능한 금리정책을 강조해왔기 때문이다.

박근혜정부에서만 2015년 초반까지 기준 금리가 네 번이나 인하되었다. 금리 인하의 기본 취지는 인위적 경기 회복이다. 이번에도 경제부총리는 "기준 금리 인하가 경제의 활력 회복과 저물가 상황 완화에 도움이 될 것으로 기대"했다. 국무총리와 여당 대표는 금리 인하를 적극 지지하는 발언을 했다. 각종 경제지표가 점점 악화되는 상황에서, 금리 인하는 가라앉은 소비와 투자를 부추겨 저성장의 늪에서 빠져나오도록 하는 만병통치약이 된 셈이다.

금리 인하가 위축된 투자나 소비 심리를 부추길 수도 있다. 기업은 낮은 금리로 자금을 빌려 투자하고, 집 없는 서민들은 대출을 받아서 집을 사거나 높아진 전세금을 충당할 수 있다. 금리 인하로 부동산 거래가 활발해져 집값이 오르면 사람들에게 심리적 여유가 생겨서 소비가 늘어날 수도 있다. 그러나 2014년 이미 금리가 두 차례 인하됐지만 실제 소비나 경제성장률은 오히려 점점 더 낮아지고 있다.

위험한 가계부채와 주택담보 대출

왜 투자와 소비가 이토록 가라앉은 것일까? 저조한 소득 증가와 심각한 가계부채 때문임을 이제는 더 이상 부정하기 어렵다. 실업과 비정규직의 급증, 영세자영업의 몰락으로 서민의 가계 소득은 상대적으로 위축된 반면, 가계부채는 눈덩이처럼 불어났다(〈그림 6.2.1〉). 2014년 말 기준 가계부채는 1089조원으로 2013년 말 1021조원에 비해 크게 늘었다. 이러한 가계부채는 가처분소득 대비 비율로 따져보면 서브프라임 사태 전 미국보다 더 높은 수준이다.

가계부채의 급증에서 특히 문제가 되는 것은 주택담보대출이다. 2014년 증가한 부채 68조 원 가운데 주택담보대출은 37조 3000억 원으로, 약 55%를 차지했다(〈그림 6.2.2〉). 금리 인하는 당분간 부동산시장을 들썩이

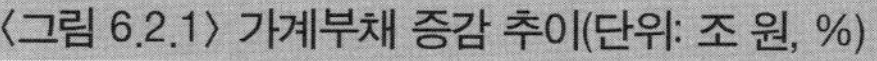
〈그림 6.2.1〉 가계부채 증감 추이(단위: 조 원, %)

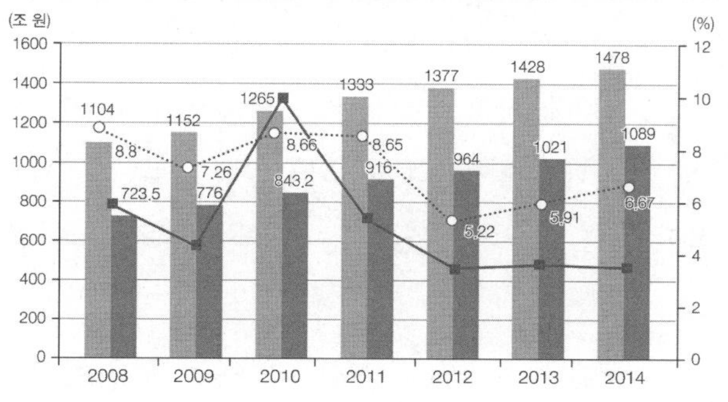

자료: 한국은행 경제통계시스템(http://ecos.bok.or.kr).

〈그림 6.2.2〉 주택담보대출 분기별 증감액(조 원)

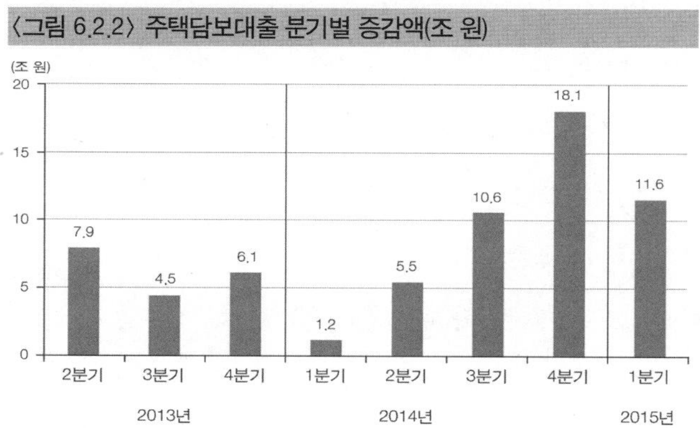

자료: 한국은행 경제통계시스템.

게 할 수 있다. 집 없는 서민들이 인하된 금리로 좀 더 쉽게 대출을 받아서 집을 살 수도 있을 것이며 자산가들이 이자가 낮아진 은행 예금보다 집값 상승이 기대되는 수익형 부동산시장으로 옮겨갈 수도 있을 것이다.

그러나 현재 부동산시장은 과거 주택보급률이 100%가 되지 않았던 시기와는 다르다. 새로 주택을 구입할 실수요자는 한정되어 있고, 전월세 가구의 대부분은 대출 금리가 내리더라도 주택구입 능력이나 대출상환 능력이 없는 가구로 추정된다. 과잉 공급에 따른 집값 하락 가능성은 항상 잠재되어 있는 반면, 초저금리가 영구히 지속되지 않을 것임은 분명하다. 대출을 받아 무턱대고 집을 샀다가 집값은 오르지 않고 금리만 오르면 어떻게 할 것인가?

2000년대 초 미국은 정보통신(IT) 산업 쇠퇴와 9·11 사태, 아프가니스탄·이라크 전쟁 등으로 경기가 악화되자 초저금리 경기부양책을 시행했다. 이에 따라 주택대출 금리가 인하됐고 부동산 가격은 상승했다. 하지만, 2004년 저금리 정책이 끝나면서 서브프라임 모기지론의 금리가 올라갔고 부동산시장의 거품도 꺼지게 되었다. 결국 저소득층 대출자들이 원리금을 제대로 갚지 못하는 사태가 찾아왔다. 이렇게 해서 2008년 미국발 금융위기가 시작되었던 것이다.

우선되어야 할 저소득층 가계부채 대책

이후 미국은 저금리 정책을 다시 시행했지만, 최근 경기가 어느 정도 회복되면서 조만간 기준 금리를 인상할 것이라는 전망이 유력하다. 한국도 미국처럼 금리 인하를 통해 경기를 활성화한 다음 목적이 달성되면 다시 금리를 인상하면 된다고 여길지 모르지만, 한국의 경제상황은 미국과는 다르다. 한국의 금리가 낮은 상황에서 미국이 금리를 올리면 자본이 급속하게 유출될 것이고 한국은 또 다른 위기에 처할 것으로 우려된다.

〈그림 6.2.3〉 순자산 5분위별 부채가구 관련 현황(단위, %)

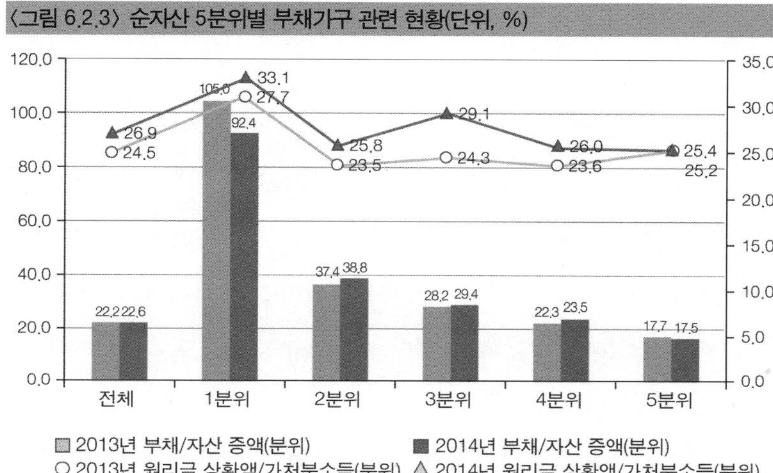

자료: 통계청(2014.11.14), 2014년 가계금융·복지조사 결과(보도자료).

그뿐 아니라 저금리 정책으로 초래된 가계대출의 급증은 국내 상황에서도 계층별로 상이한 영향을 미친다. 한국의 부채가구는 전체 가구의 65.7%이며, 특히 그 가운데 저소득층(총자산소유 하위 20%인 1분위) 가구는 2013년 소유자산 대비 부채 비율이 105%에 달했다. 2014년에는 92.4%로 다소 줄긴 했지만, 가처분소득 대비 원리금 상환액이 차지하는 비중은 2013년 27.7%에서 2014년 33.1%로 증가했다(〈그림 6.2.3〉).

이러한 계층별 통계를 소득분위별로 살펴보면 더욱 심각해서 소득분위별 1분위 가구의 부채상환부담률(DSR: 원리금 상환액/가처분소득)은 2014년 68.7%이며, 특히 빚이 있는 저소득 자영업 가구의 경우 무려 118%에 달하는 것으로 밝혀졌다. 결국 빚을 내어 빚을 갚는 악순환이 심화되고 있으며, 이들은 사실상 자력으로 부채의 덫에서 빠져나올 수 없다고 할 수 있다. 2014년 말 한국은행 총재는 "내년에 금리가 오르면 한계가구 중 일부는 디폴트를 맞을 수 있다"라고 우려했다(≪데일리부산≫, 2014.11.21).

침체에 빠진 한국 경제를 금리 인하로 회복시키기는 어렵다. 금리 인하는 오히려 가계부채 증가나 부동산 거품과 같은 부작용만 심화시킬 것으로 우려된다. 이 때문에 급등하는 가계부채에 대한 대책이 시급하다는 목소리가 커지고 있다. 가계부채는 이미 서민들의 목을 조르고 있고, 부동산 시장은 언제라도 거품이 꺼질 수 있는 위험을 안고 있다. 따라서 지금은 금리 인하 정책이 아니라 가계대출에 대한 대책이 시급하다. 나아가 임금 인상과 국내 내수시장의 활성화를 위한 경제의 질적 개선책이 뒤따라야 할 것이다.

2015.3.20.

6-3 구룡마을 철거, 합법과 강제 사이

용산참사를 떠올리게 하는 구룡마을 철거 작업

2015년 2월 6일 각 방송사의 아침 뉴스 방송은 일제히 구룡마을 주민자치회관의 철거 광경을 속보로 내보냈다. 회관 건물 내에 여러 주민과 철거 용역이 뒤얽혀 충돌하는데, 건물 밖에서는 포크레인이 창문과 외벽 철거를 강행하는 위험한 장면이 연출되고 있었다. 아침 식사나 출근 중에 이 모습을 본 시민들은 아마 용산참사를 떠올리며 착잡한 기분을 느꼈을 것이다.

이날 철거는 강남구청의 행정대집행으로 이루어졌다. 강남구청에 따르면 이 건축물은 당초 농산물직거래 점포로 사용한다고 신고해서 설치했는데, 주민들이 자치회관으로 불법 사용하고 있다는 것이다. 이러한 이유로 2014년 12월부터 건축물 불법 사용 연장불가와 자진철거 공문을 발송했고, 전날 행정대집행을 통지한 후 합법적으로 철거 작업에 들어갔다고 한다.

그러나 구룡마을 주민들의 입장은 달랐다. 구청장이 "개인적 감정을 이유로 공권력을 이용해 보복을 가하고 있다"라고 주장한다. 즉, 강남구청은 "불법 건축물이기 때문에 합법적인 행정집행"이라고 하지만, 마을 주민들은 앞으로 이 지역의 개발 방식을 둘러싸고 "강남구청장을 비판한 데 대한 강제적 보복 철거"라고 했다(≪머니투데이≫, 2015.2.6).

합법과 강제라는 엇갈린 주장 사이에서 진행된 이날 철거 작업은 시작된 지 두세 시간도 채 되지 않아 끝났다. 행정대집행을 잠정 중단하라는 법원의 판결이 나왔기 때문이다. 300여 명의 철거 인력과 장비들은 철수했고 뉴스 보도도 사라졌다. 그러나 회관 건물은 더 이상 사용이 불가능할 정도로 부서졌고 주민들은 공권력 남용에 울분을 터뜨렸다.

마지막 빈민촌 또는 마지막 황금의 땅

구룡마을은 부의 상징인 강남 타워팰리스에서 1.3km 정도 떨어져 있는 '무허가 판자촌'으로, 서울 시내에 남아 있는 몇 안 되는 빈민촌이라고 할 수 있다. 88올림픽 준비 과정에서 밀려난 철거민들이 구룡산 자락에 모여들면서 형성된 곳이다. 현재 1000여 세대 2000여 명의 주민들이 제대로 된 전기나 수도, 오·폐수 시설도 없는 열악한 상태에서 살아가고 있다. 서울 한복판에서 근대화의 빛과 그림자를 극명하게 보여주는 마을이다.

그러나 이러한 구룡마을 지역은 도시 내부에 위치한 마지막 '황금의 땅'이라고 불릴 정도로 개발에 눈독을 들이는 곳이기도 하다. 이로 인해 개발

〈그림 6.3.1〉 구룡마을의 위치

계획이 추진되자마자 갈등에 휩싸이게 되었다. 2011년 당초 서울시가 주거환경 개선을 위해 계획한 개발방식은 공적자금을 투입해서 토지를 100% 수용한 후 개발하는 전면수용 공영개발이었다. 하지만 박원순 시장이 취임한 이후 서울시는 땅값의 일부를 토지로 보상하는 '환지방식'을 제시했고, 강남구는 땅값을 돈으로 지불하는 '수용방식'을 고수하면서 다투게 되었다.

땅값 보상방식에 대한 서울시와 강남구 간 다툼은 각각 감사원에 감사를 요청할 정도로 첨예하게 진행되었다. 이 와중에 2014년 8월 도시 개발구역 지정이 해제되면서 다소 잠잠해졌다. 그러나 11월 마을에 큰 화재가 발생했고, 주민 안전을 우려한 서울시가 강남구의 요구대로 전면 수용방식에 동의하게 되었다. 사업 재개가 가시화된 것이다.

그러나 도시 개발구역 지구 지정이 이미 해제되었기 때문에 사업을 재추진하려면 모든 절차를 처음부터 다시 시작해야 했다. 강남구청장은 연초부터 개발사업의 재추진에 강한 의지를 보이면서 "최단기간에 성공적으로 끝내겠다"라고 말했다. 이런 상황에서 주민자치회관에 대한 철거 작업이 졸속으로 강행되었고 이로 인해 주민들과 갈등이 드러났던 것이다.

구룡마을 재개발, 어떻게 해야 하나?

이런 일이 발생한 지 열흘 후인 2월 16일 강남구는 법원의 집행정지명령으로 잠정 중단되었던 구룡마을 주민자치회관을 결국 철거했다. 법원이 주민회관의 "철거를 계속 중단할 필요가 없다"며 강남구의 손을 들어주었기 때문이다. 강남구는 철거 행정대집행을 위해 구청 직원과 용역 150여 명, 굴삭기 2대 등 여러 인원과 장비를 동원했고, 만일의 사태를 대비해 경찰도 80여 명 배치했다.

구룡마을 주민들은 이미 대부분 훼손된 마을회관의 철거에 반대하지 않겠다는 입장을 밝혔고 철거 작업은 별다른 충돌 없이 두 시간여 만에 끝났다. 철거 작업의 현장 책임을 맡았던 강남구청 주거정비팀장은 "이번 철거는 충분한 시정명령 및 유예기간 이후 계획에 맞춰서 이뤄졌다"라고 주장하면서, 앞으로 "거주민들을 안전하게 이주시킨 뒤 절차에 맞춰 개발 사업을 진행하겠다"라고 밝혔다(≪뉴시스≫, 2015.2.16 재인용).

마을의 개발이 앞으로 본격적으로 재개되려면 몇 가지 사항이 원칙적으로 지켜져야 한다. 강남구청이 지적한 바대로 토지 주인이나 투기꾼이 부당 이익을 챙기는 일이 없어야 한다. 또한 서울시가 우려하는 것처럼 토지 보상비의 상승으로 이 마을에 지을 임대아파트의 임대료가 높아져서도 안 된다. 무엇보다 아무리 합법적이라고 할지라도 주민들의 의견에 반하는 강제 철거 및 이주 작업이 시행되어서는 안 된다.

도시 개발 과정에서 최우선으로 고려해야 할 점은 그곳에서 살아가는 무토지·무주택 주민들의 삶터를 보장하는 것이다. 거주 주민들의 요구는 부분적으로 토지 주인이나 투기꾼의 이해와 은밀히 연계될 수 있다. 서울시나 강남구는 개발 재추진에 앞서 이러한 부당한 연계를 차단해 부당한 개발이익을 환수하는 한편, 주민들의 주거권을 진정으로 보장할 수 있는 방안을 강구해야 한다.

2015.2.7.

제 7 장

위험한 사회와 무능한 정치

1 세월호 참사와 위험국가

2 메르스 사태의 지리학과 생명 권력의 정치

3 인구 감소의 암울한 전망과 대책

7-1
세월호 참사와 위험국가

세월호 참사, 그 슬픔을 이기기 위해

더 많은 말, 더 많은 글이 필요한가? 그동안 너무 많은 말과 글이 있었다. 그러나 위로의 말은 위로가 되지 못했고, 비판의 글은 비판을 하지 못했다. 말과 글은 공허한 메아리, 텅 빈 기표에 불과했다. 세월호의 침몰. 이제 돌이킬 수 없는 이 참담한 사건 앞에 유족뿐 아니라 온 국민이 가슴 저려하고 치를 떨었다.

어린 자녀와 가족을 떠나보낸 유가족은 쓰리고 아픈 가슴을 안고 깊은 슬픔에 빠져 있다. 매일 매시간 신문과 TV를 통해 전해오는 사건 보도는 온 국민의 비통함과 분노를 자아냈다. 하지만 이 엄청난 사건에 진심으로 책임지는 사람은 없고, 사건 발생의 원인을 근본적으로 파악하려는 방안은 제시되지 않고 있다.

하지만 우리에게는 여전히 더 많은 위로와 비판이 필요하다. 가족을 잃어 슬픈 유족들은 더 큰 위로를 받아야 하고, 사회의 고질적 병폐는 철저히 비판받고 고쳐져야 마땅하다. 참담한 희생이 더 이상 일어나지 않을 때까지, 이런 일을 일으키는 한국 사회의 탐욕, 무책임, 무능이 완전히 근절될 때까지 더 많은 언어와 행동이 필요하다.

참사를 유발한 복합적 요인들

그동안의 많은 말과 글을 정리해보면, 이번 참사는 내밀하게 그러나 공공연히 연결된 세 가지 요인의 복합적 과정으로 빚어진 것이라 할 수 있다. 우선 수많은 어린 희생자를 남겨두고 세월호에서 탈출한 선장과 선원들의 무책임한 행태 때문이다. 이들의 반인간적이고 파렴치한 행태는 온 국민을 분노케 했다. 이러한 극단적 이기주의는 개인적 자질이라기보다는 안전과 인명을 경시하는 사회적 의식 때문에 생겨난 것이다.

그러나 더 큰 문제는 이렇게 침몰할 노후 선박을 수입해서 객실을 늘리기 위해 뜯어고치고, 심지어 화물을 적정량보다 2~3배나 더 실었던 기업가의 탐욕이다. 이렇게 해서 착복한 이윤은 불법적으로 기업경영자와 측근들에게 이전되었고, 이들은 교묘한 수법으로 재산을 축적하고 해외로 빼돌렸다. 이윤과 재산에 대한 무한한 욕심은 자본주의 사회에 만연해 있지만, 결국 엄청난 재난과 희생을 초래한다.

그뿐만 아니라 세월호의 침몰로 생사를 가르는 초비상 상황에서 정부가 보여준 무능함은 위기관리 능력의 한계를 극명하게 드러냈다. 정부의 안이하고 한심한 대응은 재난구조체계의 총체적 부실을 보여주었고, 정부에 대한 극심한 불신을 자아냈다. 또한 정부의 관련 부처와 관료들은 무능하다 못해 안전을 외면한 기업의 행태를 방조하거나, 규제 완화를 통해 이를 조장하고 낙하산 인사를 통해 공모하기까지 했다.

이러한 세 가지 요인, 즉 극단적 이기주의와 무책임, 이윤을 향한 기업의 무한 탐욕, 그리고 재난 위기에 대한 정부의 총체적 관리 부실과 무능은 대통령도 자인한 바와 같이 우리 사회에 "용납할 수 없는 살인과 같은" 사건을 유발했다. 이 요인들은 서로 뒤얽혀서 우리 사회를 언제 어디서 어떻게 재앙적 위기가 발생할지 모르는 위험사회로 몰아가고 있다.

현대 사회가 '위험사회'라는 주장은 울리히 벡 Ulrich Beck 등에 의해 널리 알려져 있다. 과거 전통사회에서 발생했던 재난이 대체로 자연적 이변에 기인했다면, 오늘날의 재난은 인간 사회의 구조적 메커니즘에 의해 언제 어디서라도 발생할 수 있는 위험이다. 특히 이러한 위험은 신자유주의적 정책, 그 예로 친기업적인 규제 완화, 국가관리 기능의 민영화, 비정규직을 양산하는 노동의 유연화로 더욱 고조되고 있다.

위험국가, 어떻게 벗어날 것인가?

위험사회의 도래가 자본주의의 발전, 특히 신자유주의화 과정에 내재된 보편적인 현상이지만, 한국은 다른 선진국에 비해 그 정도가 심각한 '위험국가'라고 할 수 있다. 세월호의 선장마저 비정규직화된 노동의 유연화, 노후 선박 수입과 개조에서 드러난 바와 같이 부패한 기업가와 그 측근의 추악한 탐욕을 가능케 한 규제 완화, 안전점검 기관과 피검기업 간 유착을 만연시킨 이른바 '관피아'는 한국의 독특한 현상이라고 할 수 있다. 우리 모두는 세월호로 상징되는 위험국가라는 배를 타고 있다.

세월호 참사의 희생자들은 우리에게 이러한 위험국가로부터 벗어날 수 있는 근본 방안을 모색하고 시행할 것을 요구한다. 극단적 이기주의와 무책임한 인명 경시 풍조를 조장하는 경쟁의 심화 및 노동의 유연화를 극복할 수 있는 새로운 공동체를 구상해야 한다. 그리하여 안전을 무시하고 이윤 추구에만 몰두하는 기업의 탐욕을 규제하고 무능한 집단이 권력을 유지하거나 향유하지 못하게 방지해야 하며, 국민의 복지와 안전을 우선하는 새로운 경제정치체제를 구축해야 한다.

이러한 새로운 공동체 또는 경제정치체제는 현재 우리 사회를 지배하고 있는 자본주의적·신자유주의적 패러다임을 근본적으로 바꾸는 정치를 통해 구축될 수 있다. 이러한 정치는 거시적인 사회운동을 전제로 하며, 당연히 국가적 차원 나아가 지구적 차원에서 추동되어야 한다. 그러나 그 첫걸음은 지방정치에서 시작된다.

위험국가로부터 벗어나기 위해서는 중앙정부와 중앙정치의 변화도 중요하지만, 지방정부와 지방정치의 역할도 간과되어서는 안 된다. 왜냐하면 위험이 발생하는 현장은 항상 국지적이며, 이 현장의 관리는 우선 지방정치에 달려 있기 때문이다. 지방정치는 지방정부에 잠재된 위험에 대처할 수 있는 역량을 강화하고 이를 실질적으로 관리할 수 있는 지방 안전 거버넌스 체계를 구축하도록 요구해야 한다.

2014.5.7.

7-2

메르스 사태의 지리학과 생명 권력의 정치

메르스 사태, 무엇이 문제인가?

2015년 5월 20일 평택성모병원에서 출현해 서울과 수도권을 중심으로 빠르게 확산되었던 메르스 사태는 이 바이러스의 높은 치사율과 더불어 예기치 못한 전파 경로 때문에 국가 전체를 불안과 혼란의 도가니에 빠뜨렸다. 이번 사태는 메르스(MERS, 중동호흡기증후군)라는 바이러스 질병의 확산을 초기에 막지 못했던 국가의 무능력과 담당 병원의 무력함 때문에 더욱 증폭되었다. 또한 이로 인해 초래된 국내 소비시장 위축과 외국 방문객의 감소 등 경제적 충격도 만만치 않을 것으로 우려된다.

메르스 사태가 전개되는 동안 언론은 관련 사항을 연일 대서특필했고, 모든 국민이 아침에 잠에서 깨어나면 온종일 이 사태의 추이에 신경을 곤두세웠다. 이러한 메르스 사태에 관해 한 평론가는 관련된 문제를 네 가지 측면, 즉 정부의 정보 미공개와 사태 통제 불능이라는 정치학의 문제, 국민들의 의료 의식과 행태, 그리고 병원의 대응 조치에 관한 의료사회학의 문제, 소비 위축과 경제 활력의 상실 등 경제학의 문제, 그리고 미지의 위험에 대한 불안과 공포로 야기된 사회심리학의 문제 등으로 이해하고자 했다(김호기, 2015.6.8).

메르스 사태에 관해서는 그 외에도 많은 논평이 있었으며, 앞으로 더 체계적이고 폭넓은 논의가 이루어져야 할 것이다. 그리고 이러한 논의에 바탕을 두고 더 이상 이러한 사태가 발생하지 않도록 철저한 대책을 반드시 마련해야 할 것이다. 사실 메르스 사태는 1년 전 발생해 커다란 사회적 파장을 일으킨 세월호 사태와 유사하거나 더 큰 충격을 줄 것으로 예견되고 있다. 이번 사태는 엄청난 희생을 치렀음에도 아직 사회적 갈등만을 남긴 세월호 사태처럼 아무런 교훈을 얻지 못한 채 사회적 고통으로 지나쳐서는 결코 안 된다.

이러한 점에서 메르스 사태에 관한 논의의 폭을 넓히기 위해 이 사태의 지리학적 측면을 추가적으로 부각하고자 한다. 이번 메르스 사태는 여러 측면에서 지리학적 문제들을 내포하고 있다. 즉, 메르스 사태의 지리학에는 현대 사회에서 메르스를 포함한 새로운 전염병 등장의 지리적 배경과 공간적 전파에 관한 문제, 이러한 전염병이 출현하고 확산되는 과정에서 병원이 보여준 장소의 문제, 전염병의 확산에 따른 확진 환자 및 이들과 직접 접촉한 사람들의 공간적 격리와 감염을 우려한 일반인의 이동성 위축의 문제, 끝으로 가장 심각한 점으로 지리정보의 통제와 질병을 관리하는 생명 권력이 가지는 공간적 정치의 문제 등이 포함된다.

메르스 발생의 지리학적 배경과 공간적 전파

급속하게 진행되었던 메르스 사태에 대한 대응 방안을 모색하기 위해 열렸던 과학기술정책 포럼에서 한 예방의학과 교수는 1970년대 이후 30여 개에 달하는 질병이 새로운 경계 대상이 되었다고 말하며, 이러한 질병의 다섯 가지 결정 요인으로 장거리 운송, 국가 간 상품 수출입의 증대, 도시화와 산업화, 지구촌화, 지구온난화 등을 꼽았다(신동천, 2015.7.14). 이번 메르스 전염병 역시 사우디아라비아에서 시작되어 장거리 운송과 지구촌화를 통해 한국을 포함한 전 세계 국가로 확산되었다.

이러한 질병이 새롭게 창궐하게 된 것은 무엇보다도 기후변화 요인의 작동으로, 과거에는 생존, 번식이 일정 지역에 한정되어 있던 병원균이 기후온난화로 다른 지역에 쉽게 전파될 수 있게 되었다. 또한 급속한 도시화로 많은 사람들이 밀집해 살아가면서도 이동성이 증가해 전염병 확산의 확률과 속도가 높아진 데 원인이 있다. 이러한 점에서 "비록 멀리 떨어진 국가나 지역에서 발생한 전염병이라 할지라도 바로 이웃에서 발생한 것처럼 생각하고 조직적 대비 태세를 갖추어야 한다"라는 지적이 나오고 있다.

교통(통신) 기술의 발달로 시공간적 압축이 가속화되는 상황에서 새로운 질병의 발생과 유입을 예견하고 분석하며, 전파를 차단하고 관리하는 역량을 키워나가야 한다는 점이 강조된다. 그러나 이번 메르스 사태는 이러한 지리학적 상황 변화에 대한 대비 태세가 전혀 갖추어져 있지 않은 상태에서 발생해 급속히 확산되었다. 이를 예방하고 차단해야 할 책임을 가진 정부나 병원은 이를 관리할 아무런 역량도 없이 속수무책으로 바라보고만 있었다.

메르스 사태의 시공간적 진행 경로를 이해하기 위해 다소 길지만 한 신문 기사를 인용해보자.

> 메르스 사태는 중동 여행을 다녀온 1번 환자가 5월 20일 확진 판정을 받으면서 시작됐다. 6월 12일 오전 6시를 기준으로 정부가 발표한 확진자 120명 중 34명이 그가 입원했던 평택성모병원에서 전염되었다. 평택성모병원 확진자 중 현재까지 마지막으로 밝혀진 이는 53번 환자다. 그는 5월 26일부터 28일 동안 평택성모병원에 입원해 있었다. 2차 확산 거점은 삼성서울병원이었다. 14번 환자는 5월 13일에서 19일까지 평택성모병원에 입원했다가 최초 메르스 감염자인 1번 환자에게 감염되었다. …… 비교적 젊은 나이의 14번 환자(35세, 남)는 슈퍼 전파자다. 확진자 중 그로부터 전염된 것으로 6월 12일 파악된 사람은 총 63명이다. 대부분의 환자는 병원 내 감염자다. …… 근본적인 의문은 이것이다. 치료를 위해 찾은 병원에서 왜 이들은 메르스에 감염되었을까?(≪경향신문≫, 2015.6.13)

이 기사는 메르스 사태에 관한 지리정보가 6월 2일부터 공개되기 시작하면서 당시 사태가 어떻게 시공간적으로 확산되었는지를 잘 서술해 준다. TV 방송이나 인터넷 관련 사이트는 한 단계 더 나아가 메르스 감염 현황과 통계, 전파 경로 등을 지도로 만들어 국민들에게 알기 쉽게 설명하려고 했다(〈그림 7.2.1〉). 이들은 발병 병원을 중심으로 2차, 3차, 4차 감염자의 메르스 전파 경로를 지도화해서 가시적으로 보여주었고, 국민들은 알

〈그림 7.2.1〉 메르스 전파 경로에 관한 인터랙티브 뉴스

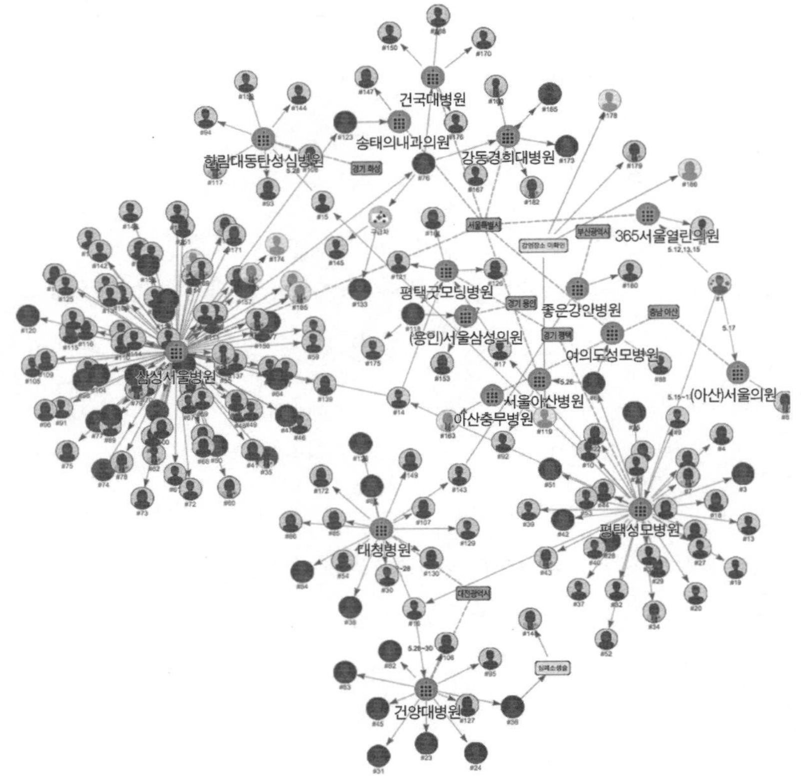

자료: KBS 인터렉티브 뉴스(http://dj.kbs.co.kr/resources/2015-06-04/).

기 쉬운 정보를 통해 안정감을 되찾고 나름대로 지리적 이동이나 활동 여부를 판단할 수 있게 되었다. 이러한 사실은 메르스 사태의 시공간적 경로에 관한 지리학이 얼마나 중요한가를 보여준다고 할 수 있다.

전염병의 진원지 또는 허브로서의 병원의 장소학

메르스 사태의 지리학에서 제기되는 또 다른 중요한 문제는 앞의 기사에서 근본적 의문으로 제기되었던 문제, 즉 "치료를 위해 찾은 병원에서 왜 이들은 메르스에 감염되었을까"이다. '병원이 병을 만든다'는 말을 흔히 듣지만, 이번 사태가 진행되는 와중에 국무총리 대행은 "메르스 환자는 모두 의료기관에서 감염"되었음을 시인했다. 아마 여러 이유에서 정부가 이렇게 시인했겠지만, 분명한 점은 전염병을 차단하고 진료해야 할 병원이 전염병의 진원지, 확산의 허브가 되었다는 점이다. 이러한 점에서 '병원은 어떤 장소인가'라는 의문에 대한 답, 즉 병원이라는 장소의 지리학이 필요하다고 하겠다.

이번 메르스 사태와 관련해 ≪뉴욕타임스≫는 한국의 병원에 대해 다음과 같이 서술했다.

> 한국인은 흔히 대형 병원 의사가 가장 실력이 뛰어나다고 여기고 이 때문에 대형 병원은 항상 사람들로 붐빈다. 더 큰 병원으로 옮기기 위해 인맥 등 갖은 수단을 동원하기도 한다. 응급실은 환자와 환자 가족, 간병인으로 가득 차 있고, 환자 가족은 종종 병실에 머물며 환자의 땀을 닦아주고, 요강을 비우며, 시트를 갈아주기도 한다. 문제는 이들이 모두 감염에 노출된다는 사실이다(≪경향신문≫, 2015년 6월 13일 자에서 재인용).

한국 대형 병원에 최고의 전문의, 선진 의료시설과 첨단 의료장비들이 집중되는 것은 사실이다. 그리고 생명의 위기에 처한 환자와 그 가족은 당연히 이러한 대형 병원을 찾게 마련이다. 하루에도 수천 명이 왕래하는 대형 병원은 일단 전염병이 발생하면 급속하게 전파될 수밖에 없는 조건을 갖춘 장소이다.

문제는 왜 한국의 의료체계가 소수의 병원들만 대형화되도록 했는가, 그리고 설령 대형화로 환자들이 대규모로 집중되었다고 하더라도 전염병 발생 이후 이를 조기에 차단하지 못했는가라는 점이다. 사실 한국에서 소수 병원의 대형화는 1989년 전 국민 의료보험 실시 후 부족한 병상을 해소하기 위해 민간병원의 규제를 완화해주면서 나타난 현상이다. 이른바 '빅5 대형 병원'이 의료 시장을 독점하면서 지방의 소규모 개인병원들은 점차 위축되었다.

그뿐만 아니라 본래는 비영리이지만 의료서비스가 상품화된 현실에서 기업화된 대형 병원들은 영리를 추구해야 하는 모순에 봉착할 수밖에 없게 되었다. 즉, 대형 병원들은 최고의 의술과 시설, 첨단의료장비를 갖추었지만 환자들이 쏠리면서 의료 환경은 오히려 악화되었다. 환자를 위한 병상 수가 만성적으로 부족한 상황에서 인맥이나 응급실을 통하지 않고서는 입원이 기약 없이 미뤄지게 되었고, 환자를 진료하는 시간은 점점 더 짧아지고 있으며, 간호 인력도 만성적으로 부족해 열악한 근무 환경을 감내해야만 하고 있다.

이번 메르스 사태의 배경 원인 가운데 핵심은 한국의 간병 문화라기보다는 이러한 의료체계의 문제라고 할 수 있다. 즉, 대형 병원들의 영리 추구와 이로 인한 의료 환경의 악화가 주요 원인이라고 하겠다. 물론 대형 병원이라고 할지라도 메르스 환자가 처음 발생했을 때는 환자에 대한 경험이 없었기 때문에 이에 관한 기본 정보만 가지고 있어 이에 따라 대처할 수밖에 없었을지도 모른다. 그러나 영리를 우선시한 대형 병원의 폐쇄적 의사결정과 미숙한 대응은 메르스 사태를 2차, 3차로 전파하는 진원지 또는 허브로서의 역할을 자초했다.

메르스 사태와 관련된 병원들은 우선 다른 병원이나 환자, 나아가 일반 국민들이 이에 대처할 수 있도록 자기 병원에 메르스 환자가 입원 또는 방문했다는 장소 정보를 적극적으로 공개해야 했다. 메르스 정보 공개에 대한 정부의 통제도 있었겠지만, 병원이 관련 정보의 공개에 소극적이었던 것은 영리적 이유, 즉 정보 공개로 환자가 감소할 것을 우려했기 때문이라고 할 수 있다.

그뿐 아니라 관련 병원들은 메르스 감염의 전파를 막기 위해 접촉자를 격리하는 과정에서 심각한 오판을 함으로써 메르스 사태의 확산을 촉진했다. 그러한 예로 평택성모병원은 확진 환자가 나온 후 이 환자와 접촉한 동일 병실의 환자와 보호자, 그리고 같은 병동에서 근무한 의사, 간호사, 치료사를 격리하면서, 이 병동의 환자 상당수를 퇴원시키거나 다른 층으로 옮겼다. 이 과정에서 퇴원한 환자들 가운데 일부가 다른 병원으로 이동하면서 메르스 전파의 매개자가 된 것이다. 또한 평택성모병원이나 삼성서울병원 등은 접촉자를 격리하는 과정에서 격리자 수를 가능한 적게 설정함으로써 격리대상자가 아닌 환자들이 발생하게 했다. 격리자 수의 오판에 대해 한 평론가는 다음과 같이 지적했다.

오판의 핵심적 이유는 병원 감염임에도 불구하고 환자가 발생한 병원을 하나의 감염지역이라는 환경단위로 생각하지 않고 그 안에서 세밀하게 밀접한 접촉자와 그렇지 않은 사람을 분류한 과도한 치밀함 때문에 벌어진 것 같습니다. 아주 거칠게, 그러나 포괄적으로 환자가 있었던 병동을 하나의 문제 지역으로 보고 다른 병원으로 감염이 전파되는 것을 막는 방식으로 접근했으면 이런 오판이 발생하지 않았을 것입니다(장재연, 2015.6.17).

즉, 메르스 사태에 올바르게 대응하기 위해서는 개별 환자나 이들과 접촉한 개인들이 아니라 병원을 하나의 감염지역 또는 환경단위로 설정할 필요가 있었다. 달리 말해 초기 대응이 부실했던 상황이라고 할지라도 메르스 전파가 기본적으로 병원 감염에 의해 심화되었음을 인지했다면 그때부터라도 전염 확산의 고리, 즉 병원 간 전파를 막기 위해서 감염된 병동이나 병원 전체를 대상으로 대응책을 마련해야 했다.

사회심리적 불안과 공간적 격리/이동의 지리학

이때까지 전혀 경험해 보지 않았던 메르스 사태의 발생과 급속한 확산은 일반 국민에게 엄청난 불안과 공포를 일으켰고 사회적 혼란을 유발했다. 어느 병원에서 문제가 발생했는지 알지 못한 상황에서, 단순한 우려는 불안이 되고 점점 공포로 느껴지게 된다. 전문가들은 알 수 없는 위험에 대해 과학적 정보와 확률에 근거해 평가하겠지만, 일반인들은 이를 직관적으로 받아들이고 나와 나의 가족이 얼마나 안전할 것인가를 우선적으로 고려한다. 만약 직접 위협을 받을 가능성이 있다고 느낀다면 공포심이 커지고 이러한 위험에 가능한 노출되지 않으려고 한다. 이러한 상황에서 정보의 부재로 이른바 '메르스 괴담', 즉 메르스의 발병 원인이나 위험성, 환자 발생 병원과 감염경로 등에 관한 확인되지 않은 소문이 광범위하게 유포되었다. 정부는 이러한 소문을 정보 공개를 통해 해소하기보다는 '유언비어'로 치부해서 처벌을 통해 단속하고자 했고, 이 때문에 국민의 불안과 공포는 더욱 증폭되었다.

그뿐만 아니라 사태가 급속히 악화되고 있음에도 정부는 뒤늦게 환자와의 접촉을 피하고 "외출 후나 대중이 많이 모이는 장소를 다녀오신 후에는 반드시 손을 씻고……"와 같은 국민행동요령을 발표했다. 심지어 중동에서 메르스의 매개체로 알려진 낙타를 만지거나 낙타유, 낙타고기를 먹지 말라는 황당한 대책을 전 국민에 유포해 조롱을 받기도 했다. 개인의 행동에 맞춘 이러한 대책은 아무런 의미가 없었지만, 전염병의 확산을 사회적·지리적으로 차단하기 위한 고육지책이었다.

물론 메르스 환자를 직접 치료하거나 예방할 수 있는 처방이 없는 상황에서 환자와 이들의 접촉자들을 병원이나 자신의 주거지에 격리시키는 것 외에 별다른 대책이 없었다고 할 수 있다. 이에 따라 5월 20일 첫 감염자가 확인된 이후 추가 감염자가 거의 매일 발생해서 6월 6일과 7일 각각 22명과 23명을 정점으로 6월 말까지 이어져 총 감염자는 186명에 달했다. 이들과 밀접하게 접촉해서 격리대상자로 조치를 받게 된 사람들의 수는 6월 17일경까지 급증했고, 그 이후 감소 추세로 돌아섰지만 7월 초순까지 지속되었다(〈그림 7.2.2〉). 격리대상자들의 기하급수적 증가는 관련된 정보가 공

〈그림 7.2.2〉 메르스 사태의 전개 추이

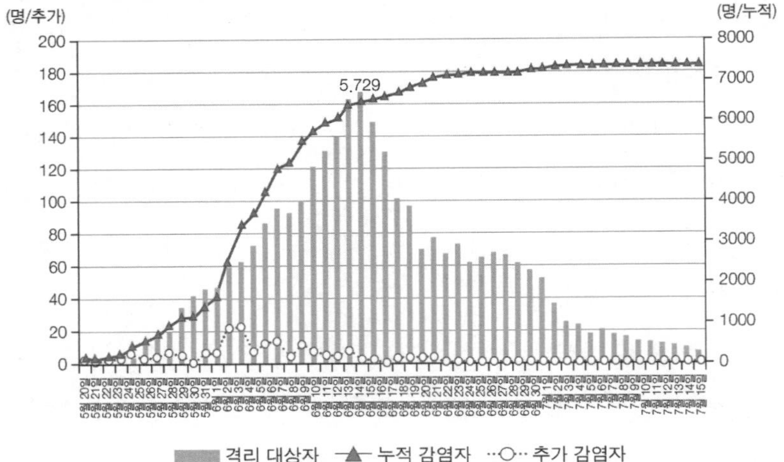

자료: 나무위키(검색어: 2015년 대한민국 메르스 유행/경과)에서 재인용.

개된 이후에도 메르스의 위험성을 보여주는 주요한 근거가 됨에 따라 국민들의 불안과 공포는 계속되었다.

메르스의 사회공간적 전파와 이를 차단하기 위한 환자(확진 및 잠재적 환자)의 격리는 결국 이번 사태에 대해 지리학적 사고와 대응책의 마련이 필수적임을 보여준다. 즉, 메르스의 지리학은 공간적 전파(이동)와 차단(격리)의 관계성에 바탕을 둔다. 그러나 문제는 공간적 격리는 당사자들에게 심각한 불안과 공포를 유발하며, 자가 격리는 질병을 가족에게 옮기는 것을 방치하는 결과를 초래할 수 있다는 점이다. 이러한 점에서 감염이 의심되는 격리 대상자들은 통제된 격리 공간을 벗어나려 하고, 실제 이를 실행한 사례가 번번이 발생했다.

이러한 이유로 격리대상자가 지정된 격리 공간을 벗어나 자신의 고향으로 돌아가는 사태가 발생했고, 정부는 이러한 사태가 발생한 보성과 순창의 마을을 통째로 격리시키는 조치를 취하기도 했다. 이러한 마을 단위 격리는 마을 주민의 왕래를 차단해서 자유롭게 생업을 이어갈 수 없도록 했을 뿐만 아니라 격리가 해제되기 전까지 환자가 될 수 있다는 위험성을 높임으로써 극도의 불안과 공포라는 고통을 주었다. 또한 지역사회 감염은 없다고 정부가 거듭 주장했음에도 마을 전체를 격리시킨 결정은 지역 감염을 우려한 조처라고 볼 수밖에 없었다.

정부와 의료전문가들은 메르스 바이러스가 공기 매개를 통해 간접 전파되는 것이 아니라 환자 접촉이나 비말 등을 통해 직접 전파에 의해서만 확산된다고 주장했다. 그러나 공기 매개를 완전히 배제할 수 없었고, 이로 인한 지역사회 전염 가능성이 심각하게 우려되었다. 실제 확진 환자들 가운데 직접 전파가 아닌 간접 전파로 발병했을 것으로 추정되는 사례가 여러 건 있었다. 또한 감염된 병원에서는 환자의 직접 접촉과 무관한 여러 장소에서 메르스 바이러스가 잔존해 있음이 확인되기도 했다.

하지만 직접 전파로만 전염되는 것인가, 간접 전파도 가능한가의 여부는 사실 큰 문제가 되지 않는다. 오늘날과 같이 교통수단이 고도로 발달하고 지리적 이동의 양과 속도가 극도로 증대한 상황에서 실제 또는 잠재적 환자는 언제든지 전국으로 나아가거나 세계로 이동할 수 있기 때문이다. 메르스 확진 판정을 받은 환자가 버스와 전철을 타고 마음대로 장소를 이동했고, 중동에서 귀국해 국내 전파의 근원이 되었던 환자도 자신이 메르스에 감염되었는지 여부를 몰랐으며, 중국에서 메르스 확진 판정을 받은 한국인 역시 보균 상태에서 국제적 이동을 했던 것이다. 이러한 상황에서는 메르스 바이러스가 간접 전파가 되지 않는다고 할지라도 지역사회에서 메르스 환자와 직접 접촉할 수 있는 가능성은 항상 광범위하게 존재했다.

이러한 상황에서 극도의 불안감을 느낀 국민들은 지역사회 외출을 가능한 줄이게 된다. 즉, 메르스 환자 및 이들과의 접촉자를 강제적으로 격리시키는 것과 같은 맥락에서, 일반인들은 자기 방어를 위해 자발적으로 공간적 격리를 행하게 된다. 이 때문에 일어나는 개인 소비 활동의 위축은 결국 생산의 위축으로 이어지고, 투자나 수출에도 큰 영향을 미치는 것으로 분석되었다. 특히 관광이나 회의 등의 목적으로 국내를 방문하고자 한 외국인들 가운데 실제 방문자 수가 크게 줄었다. 한국은행은 메르스 사태로 인한 외국인 관광객의 감소로 국내총생산 성장률이 0.1% 포인트 낮아질 것으로 전망했다.

국내 소비 및 생산 활동의 위축이나 외국인 관광객의 급감은 결국 메르스 사태의 지역사회 감염을 우려해 국내외 지리적 이동을 가능한 줄이거나 다른 목적지로 이동 경로를 바꾸었기 때문이라고 할 수 있다. 메르스 사태가 종식된 상황에서는 지역사회 감염이 실제 발생하지 않은 것이 매우 다행스러운 일이라고 하겠지만, 지역사회 감염이 가능한 것으로 추정되는 상황에서 지역사회 감염을 아무리 부정하더라도 사람들의 불안이나 공포심은 결코 사라지지 않을 것이다.

생명 권력과 지리정보의 통제를 둘러싼 정치

이번 메르스 사태에서 가장 심각하게 드러난 문제점은 정부가 공공의료에 대한 관리 책임은 제대로 지지 않으면서, 의료 관련 정보, 특히 지리정보만 비공개로 통제하고자 했다는 점이다. 사실 메르스 사태와 같이 일반 국민 전체를 대상으로 광범위하게 전파될 수 있는 위험성을 가진 질병은 민간병원이 아니라 국가의 공공의료 영역에 속한다. 이러한 점은 국가 의료서비스의 역사에서도 잘 나타날 뿐만 아니라 이론적으로도 새롭게 밝혀지고 있다.

그러한 예로 지식/권력과 공간에 관한 포스트모던 이론가 푸코는 이 점을 생명 권력과 이에 기반을 둔 생명관리정치의 개념으로 설명했다. 그가 남긴 생애 마지막 강의록 가운데 『안전, 영토, 인구』에 제시된 주장에 따르면, 생명 권력이란 사람들의 생명과 그 생명이 영위되는 공간을 관리하는 권력을 의미한다. 생명 권력은 18세기 말 이후 유럽에서 국가의 영토 안에 속하는 모든 사람을 대상으로 인구, 생명, 건강, 안전을 총괄 관리한 국가관리체계, 즉 생명 정치 또는 공안정치를 일컫는다.

푸코의 설명에 따르면, 그 이전 유럽 군주권의 특징은 칼로써 상징되는 권력으로, 물건, 시간, 육체, 생명을 빼앗는 권리였다. 그러나 고전주의 시대 이후 이러한 약탈과 죽음의 권력은 생명의 관리와 통제의 권력으로 전환되었다. 이러한 생명 권력에 기반을 둔 영토와 인구를 관리하는 정치는 긍정적 의미에서는 현대 복지국가의 시초이지만, 부정적 측면에서는 국가가 국민들과 그들의 공간에 대한 전면적인 통제를 시작하는 것으로 이해될 수 있다. 그러나 한국에서는 긍정적 측면의 의료복지체계는 제대로 발달하지 않은 상태에서 부정적 측면의 통제 기능만 강조되고 있다.

의료관리가 공공의 영역에 속한다는 사실은 해방 전까지 한국의 병원들 가운데 75.1%가 공공병원이었다는 점에서도 확인된다(전국보건의료산업노동조합, 2015). 그러나 1960년대 후반에서 1970년대에 걸쳐 국민건강보험이 도입되면서 민간병원이 급속도로 증가했고 1990년대에는 대형 병원을 중심으로 본격적으로 영리추구형 기업 병원이 성장하게 되었다. 이로 인해 한국에는 메르스 사태와 같은 전염병을 관리할 수 있는 공공병원이 절대적으로 부족해졌고, 대형 영리 병원의 성장은 오히려 공공의료서비스의 질 향상을 가로막았다.

보건의료단체연합 정책위원장은 이 사태의 원인을 다음과 같이 평가했다. “지역 거점 공공병원이 하나도 없었다. 평택에는 모두 여섯 개 병원이 있다. 그 중 공공병원은 하나도 없다. 다 민간이다. 바로 옆 안성에도 없다. …… 만약 그 동네에 공공병원이 하나라도 있었다면, 처음에 역학조사관이 한 명이라도 들어갔다면 결과는 지금과 천지차이였을 거다. 민간병원만 있으니 거기(평택성모병원)가 허브가 되어버린 것이다”(≪경향신문≫, 2015.6.13). 이와 같이 시단위 지역에서 공공병원이 하나도 없었다는 사실은 정부가 공공의료에 얼마나 소홀했던가를 여실히 보여준다. 그동안 정부가 경제성장에만 최우선 관심을 두었지, 국민들의 건강과 복지에는 거의 관심을 두지 않았고, 그 때문에 메르스 사태와 같은 심각한 전염병을 제대로 관리할 수 없었던 것이다.

물론 정부는 2004년 그동안 한국의 질병연구관리 기능을 담당했던 국립보건원을 '질병관리본부'로 확대 개편해 전염병 대응에서 생명의학에 이르기까지 각종 질병연구 및 관리 기능을 담당하도록 했다. 그러나 이번 메르스 사태에 대한 질병관리본부의 대응은 초라하기 그지없었다. 메르스 사태가 발생하자 의사 출신 전문가들은 비전문가인 행정관료들에게 보고하며 이들의 이해를 구하는 데 시간을 다 보냈고, 결국 주요 의사결정 과정에서 영향력을 발휘하지 못했다.

질병관리본부에서 병원 봉쇄나 강제 격리 등의 조치를 취하려 했지만 행정력이 뒷받침되지 않아서 아무런 조치도 할 수 없었다. 질병관리본부 내에서도 전문적인 보건행정 능력뿐 아니라 연구 인력의 역량도 매우 미흡했다. 반면 비전문적 행정부서와 청와대에서는 이번 사태를 매우 안이하게 생각하면서 대형 병원의 영리성과 의료관리능력에 대한 국가 능력의 부재를 은폐하기 위해 환자 발생과 전파에 관한 정보를 전혀 공개하지 않았다.

이러한 정부의 무능력과 정보 비공개로 메르스 사태는 급속히 확산되었고, 국민들의 불안과 공포는 증폭되었다. 이와 같이 사태가 극도로 악화되던 6월 4일, 박원순 서울시장은 긴급 브리핑을 열어 메르스 확진을 받은 의사가 이동한 경로를 그린 '메르스 지도'를 공개하면서 관련 정보를 발표했다. 박원순 시장이 서른다섯 번째 메르스 환자로 확진을 받은 의사가 메르스 환자와 접촉한 뒤 메르스를 의심할 만한 증상이 있었지만 1565명이 참석한 대규모 행사(재건축조합 총회)에 참석했음을 공개하면서, 이 의사의 5월 30일과 31일의 이동 경로를 자세히 지도에 표기해 보여주었다.

메르스 감염 의사가 확진 판정을 받기 전에 직간접으로 접촉한 사람의 수가 1500여 명에 달하며, 의사 환자의 이동 경로와 관련된 시민들이 자가격리 대상이 된다는 발표는 국민들에게 엄청난 충격을 주었다. 이러한 발표를 둘러싼 청와대 및 집권 여당과 박원순 시장이 속해 있는 야당 간, 그리고 중앙정부와 서울시 지방정부 간에 심각한 정치적 논쟁이 일어났고, 메르스 확진 환자인 의사도 이 과정에 개입하며 파장을 더욱 증폭시켰다.

그러나 메르스 사태에 대한 박원순 서울시장의 자료 공개와 뒤이은 정치적 행동은 불안에 빠졌던 국민들과 심지어 보수 언론들로부터도 긍정적인 평가와 신뢰를 얻었다. 이러한 상황이 전개되자 중앙정부는 메르스 사태에 관한 지리정보를 공개하지 않을 수 없게 되었다. 박원순 시장이 자료를 공개한 후 이튿날, 메르스 확진환자가 나온 지 16일 만에 정부는 "대통령이 진작에 공개하라고 했다"라면서 병원과 환자의 이동 경로에 대한 지리정보를 공개했다.

생명 권력과 이를 가진 국가의 생명관리정치에서 핵심은 국민의 안전을 위한 의료관리시스템을 확립하고 관련된 정보를 투명하게 민주적으로 공개·공유함으로써 국민들의 신뢰와 지지를 획득하는 것이다. 그러나 지난 세월호 사태와 마찬가지로, 메르스 사태에 대한 국가와 정치권력의 대응은 한국이 과연 근대화된 국가인가에 대해 심각한 의문을 제기하도록 한다. 위험한 사태가 발생할 때마다 우리 사회는 국가가 모든 정보를 독점하지만 자신의 역할을 방기한 채 책임을 지지 않고, 국민들은 정보 부재의 어둠 속에서 불안과 공포에 떨면서 자신의 살 길을 스스로 찾아야만 하는 원시사회가 된다.

메르스 사태의 교훈과 대책

메르스 사태로부터 우리는 어떤 교훈을 얻을 것인가? 첫째, 대형 영리 병원에 대한 의존을 줄이고 공공의료체계를 강화해서 의료관리에서 공공의 역할을 확대시켜야 한다. 이번 메르스 사태로 국민들이 불안과 공포에 떨면서 사회 전체가 혼란에 빠졌을 뿐만 아니라 국가 경제도 심각한 타격을 입었고, 특히 의료 선진국으로 도약하던 한국의 위상이 졸지에 의료 후진국으로 전락했다. 이러한 사태는 대형 병원들이 기업화되어 환자의 건강보다 영리를 우선해서 추구했기 때문이라고 할 수 있다. 또한 국가는 이러한 대형 병원들을 통제·관리하기보다 이들의 이익을 우선 보장하고자 했다. 사태가 이 지경이 되었음에도 생명 권력을 장악한 국가의 일각에서는 "이번 사태의 교훈을 전염병 전문병원 설립으로 퉁치려는 움직임이 있다"라고 한다. 그러나 이러한 대응은 사태의 본질을 전혀 알지 못하거나 왜곡하는 처사이다.

둘째, 메르스 사태에 대해 다양한 측면에서 대책을 제안해야 하지만, 특히 지리학적 사고의 필요성, 병원의 장소학에 대한 이해, 그리고 지리정보의 공개와 공유의 중요성을 강조할 필요가 있다. 예를 들어 평택성모병원에서의 격리 조치가 불가피했다고 하더라도 이는 오히려 메르스를 전국으로 확산시키는 결정적 요인이 되었다. 따라서 개인이 아니라 병원을 하나의 통합된 의료 환경 장소로 설정해서 병원의 폐쇄나 환자 퇴원, 그리고 의료종사자 전원에 대한 철저한 관리를 시행해야 한다. 또한 병원 내 감염과 함께 병원 간 환자의 공간적 이동에 의한 전파가 이번 사태의 핵심이라는 점을 인식할 필요가 있다. 이러한 점에서 관련 병원과 환자의 이동 경로를 공개하고 공유하는 것은 매우 중요하다고 할 수 있다. 이러한 지리정보의 공개와 공유에 의해서만 국민들은 불안이나 공포에 빠지지 않고 신뢰감을 가지고 차분하게 대응할 수 있을 것이다.

셋째, 메르스 사태와 같은 위기 상황에서 국가가 모든 것을 통제하기보다 정부, 지자체, 병원 그리고 시민사회가 함께하는 위험관리 거버넌스체제를 확립해야 한다. 위기 상황에서 아무리 강력한 컨트롤타워가 있다고 할지라도 국민들의 건강을 뒷전으로 한 채 영리 병원과 지배 집단의 권력 유지를 우선시한다면 국민의 안전과 생명을 위한 문제를 해결하기는커녕 오히려 사태를 더욱 악화시킬 수 있다. 물론 위기상황에서는 신속하고 강력한 대처가 필요하지만, 국가나 병원이 문제를 재대로 해결하려는 의도와 관심을 가지고 있는가에 대한 신뢰도 필수적이다. 이러한 신뢰를 확보하기 위해 관련 정보의 신속한 공개와 더불어 위기 사태 대응에 국민들이 직접 참여하는 협력적 거버넌스 체제의 구축이 필요하다. 특히 중앙정부가 모든 정보와 의사결정을 독점할 것이 아니라 지방정부의 역할을 강화해 지역에 적합한 의료관리체제를 구축하고, 지금과 같이 대형 병원들이 서울과 수도권에 집중되는 의료의 지역불균등을 극복해야 한다.

2015.7.22.

7-3 인구 감소의 암울한 전망과 대책

인구의 절대적 감소 전망

인구는 생산에 필요한 노동력을 공급할 뿐만 아니라 소비에 요구되는 구매력도 제공한다. 물론 경제발전이 낮은 단계에서 지나친 인구 성장은 노동력의 과잉으로 실업을 유발하고 분배의 몫을 줄여 1인당 소득 수준을 낮추는 결과를 가져온다. 그러나 한 국가나 지역이 사회경제적으로 발전하기 위해서는 적정 인구의 유지나 증가가 필수적이다.

통계청이 2014년 발표한 '장래인구 추계'에 의하면, 지방, 특히 대구·경북의 인구 감소가 심각할 것으로 추정된다. 대구 인구는 2013년 246만 5000명에서 꾸준히 줄어들어 2040년 220만 4000명으로 감소할 전망이다(〈그림 7.3.1〉). 경북 인구는 대구만큼 심각하지는 않지만, 2030년 265만 4000명으로 최고에 달한 뒤 감소세로 돌아서서 2040년에는 261만 3000명

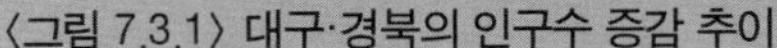
〈그림 7.3.1〉 대구·경북의 인구수 증감 추이

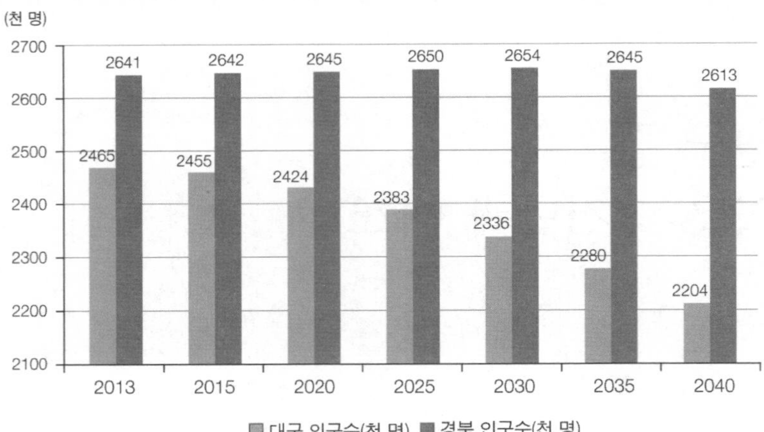

자료: 통계청, 「장례인구추계 시도편: 2013~2040」(보도자료, 2014.12.11).

〈그림 7.3.2〉 2014~2040년 시도별 인구 변화

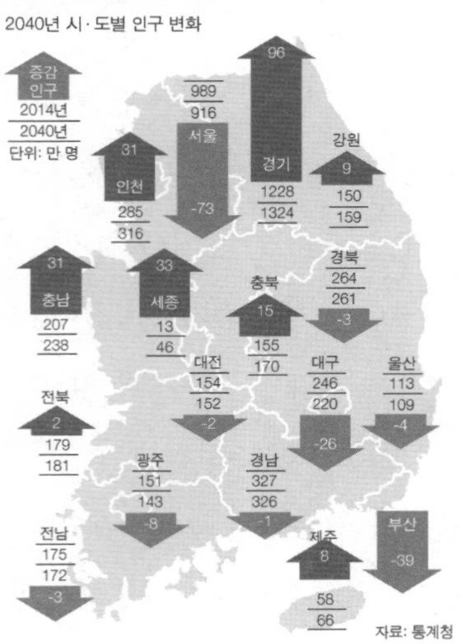

자료: 통계청, 「장례인구추계 시도편: 2013~2040」(보도자료 2014.12.11).

으로 줄어들 것으로 예상된다.

이러한 인구 감소 전망은 물론 대구·경북에 한정된 것이 아니라 전국적인 추세이다. 즉, 전국 인구는 2013년 5022만 명에서 2030년까지 증가해 5216만 명에 달하지만, 그 후 감소하기 시작해서 2040년에는 5109만 명에 이를 것으로 추정된다. 그러나 대구와 경북의 인구 감소는 더욱 빨라서, 전국 대비 인구 비율은 대구가 2013년 4.9%에서 2040년 4.3%로, 경북은 6.5%에서 6.1%로 낮아질 전망이다(〈그림 7.3.2〉).

인구 구성의 변화

이와 같은 인구 감소 전망을 더욱 암울하게 하는 것은 인구 구성의 변화, 즉 유소년 인구(0~14세) 및 생산가능인구(15~64세)의 감소와 고령인구(65세 이상)의 증가이다. 유소년 인구의 감소는 앞으로 전체 인구수의 감소를 초래할 뿐 아니라 생산가능인구로 진입할 수 있는 자원을 줄이게 된다. 생산가능인구의 감소는 그 자체로 경제활동을 위축시킨다.

대구의 유소년 인구는 2013년에서 2040년 사이 34.1%(35만 5000명에서 23만 4000명으로), 경북도 같은 기간 32.6%(35만 8000명에서 24만 2000명으로) 감소할 전망이다. 이러한 유소년 인구 감소는 부산(-34.8%), 전남(-33.9%)과 더불어 전국 평균 감소율 22.4%에 비해 훨씬 높다. 대구·경북 저출산 현상이 그만큼 더 심각함을 의미한다. 대구와 경북의 생산가능인구는 이미 각각 2011년과 2012년에 정점에 달했고 그 후 감소하기 시작해서 2035년에는 각각 32.7%, 27.7%로 줄어들 것으로 예상된다.

〈그림 7.3.3〉 대구·경북의 고령화 추이

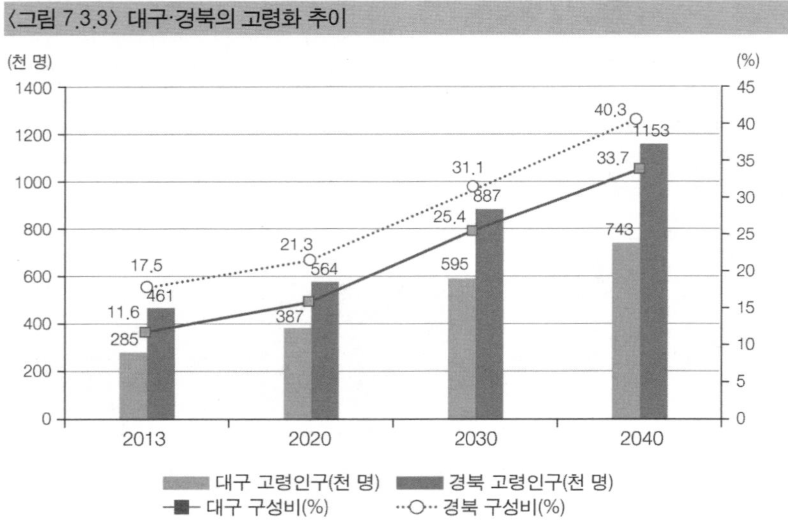

자료: 통계청, 「장래인구추계 시도편: 2013~2040」(보도자료, 2014.12.11).

반면 같은 기간 고령인구는 대구 160.5%(45만 8000명), 경북 128.6%(59만 3000명) 증가해 그 구성비는 2040년 각각 33.7%와 40.3%에 달할 전망이다(〈그림 7.3.3〉). 이러한 고령인구의 증가에 따른 고령사회화 전망은 평균 수명의 증가에 따른 것이다. 그러나 개인의 노후생활이 보장되지 않는 상황에서 고령인구의 증가는 의료보건 등 사회적 복지비용의 지출을 증대시킴으로써 생산가능인구의 부양 부담을 가중시킨다.

저출산·고령화의 대책이 시급하다

사실 국가나 지역의 인구가 감소할 뿐 아니라 저출산·고령화가 가속화될 것이라는 전망은 이미 오래전부터 제기되었다. 2000년대에 들어오면서 정부는 이에 대한 대책이 시급함을 절감하고 2005년 '저출산고령사회기본법'을 제정한 후 2013년에 이르기까지 66조 원의 예산을 투입했다. 이에 따라 출산 지원금이나 보육비 지원 등 몇 가지 방안을 마련했지만 근본적인 대책을 제시하지는 못했다.

인구 감소에 대한 국가 차원의 대책은 결국 출산율을 높이거나 외국인 이주자를 받아들이는 것이다. 해외 이민의 유입을 통해 국내 인구 감소에 따른 부정적인 영향을 줄일 수는 있을 것이다. 최근 한 연구 자료에 따르면(전광희, 2014.12.3), 한국의 생산가능인구는 2017년 감소세로 돌아서서 2060년까지 1500만 명이 줄어들 것이며, 이를 보완하기 위해서는 매년 35만 명의 이민 유입이 필요하다고 추정된다. 이렇게 될 경우 한국은 빠르게 다문화사회로 진입할 것이므로 이에 대비한 근본적인 대책이 필요하다.

외국인 이주자의 수용이 저출산·고령화에 대한 보완적 대책은 될 수 있겠지만, 무엇보다도 국내 인구를 증가시킬 수 있는 중장기적이고 적극적인 정책이 필요하다. 그동안 정부의 저출산 대책은 기본적으로 결혼 가정이 자녀를 출산한 이후 자녀 양육을 지원하는 데 초점을 맞추었다. 그러나 이러한 정책은 지금까지 출산율을 증가시키지 못했다는 점에서 실효성이 없었다고 하겠다. 따라서 지금이라도 결혼을 장려하는 사회적 분위기를 조성하는 동시에 초혼 연령을 낮추기 위한 정책으로 전환해야 한다.

대구·경북의 인구 유출에 대한 대책도 시급하다. 전국적인 인구 감소세에도, 서울을 제외한 수도권, 세종시와 충청권, 제주는 2040년까지 계속 인구가 증가할 것으로 예측된다. 즉, 인구 증감 추세는 지역적으로 불균등하다. 이는 개별 지역들이 인구 유출을 막기 위한 방안을 적극 모색하면 인구 감소율을 상당 정도 낮출 수 있음을 의미한다. 대구·경북은 도시 및 지역계획에서 성장예측형 인구 모형을 버리고 안정적인 인구 유지 계획을 마련해 시민들의 복지와 생활 안정을 위한 대책들을 추진해나가야 할 것이다.

2014.12.13.

제 8 장

다문화사회와 지역의 역할

1 다문화사회로의 전환과 지역의 역할

2 다문화공간의 형성과 다문화주의

3 다문화사회를 위한 지역 공생 전략

8-1
다문화사회로의 전환과 지역의 역할

다문화사회의 도래

5월에는 기념일이 많지만, 5월 20일이 '세계인의 날'임을 아는 사람은 거의 없을 것이다. 이 날은 2007년 '다양한 민족·문화의 사람들이 서로 이해하고 공존하는 다문화사회를 만들자'는 취지에서 국가 기념일로 제정되었다. 교통통신기술의 발달과 자본주의 경제의 확장으로 세계화 과정은 이제 거스를 수 없는 시대의 흐름이 되었고, 이에 따라 다양한 인종과 문화가 혼재·교류하는 다문화사회의 도래가 기정사실화되고 있다.

거리나 지하철과 같은 생활공간에서 외국인 이주자들과 흔하게 마주칠 때 세계화 과정과 다문화사회가 도래했음을 실감하게 된다. 그러나 지역사회는 외국인 이주자에게 따뜻한 환대나 관용을 보이는 데 매우 인색하다. 한국 문화가 '한류'라는 이름으로 국경을 넘어 세계 곳곳으로 확산됨을

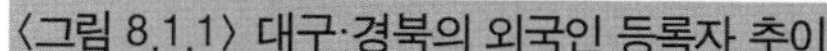
〈그림 8.1.1〉 대구·경북의 외국인 등록자 추이

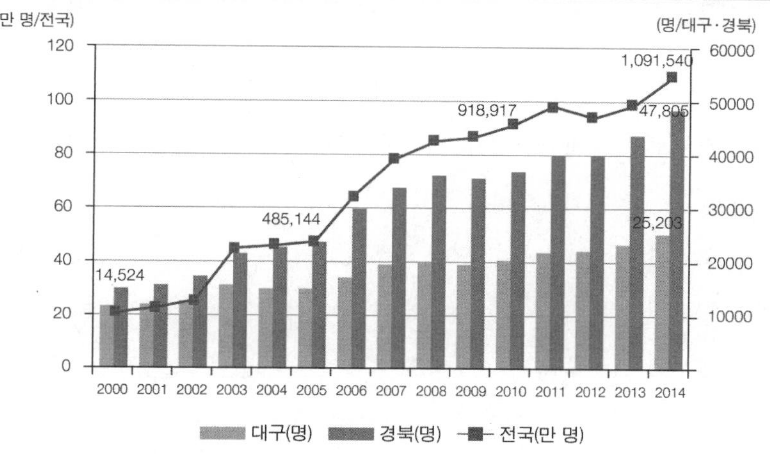

자료: 통계청, e-나라지표.

자랑스럽게 느끼는 것과는 대조적이다.

한국의 외국인 등록자 수는 2000년 24만 명에서 2005년 48만 5000명, 2010년 92만 명으로 급증했고, 2014년 말에는 109만 명에 달하게 되었다(〈그림 8.1.1〉). 국내 거주 인구 가운데 2.16%는 외국인이다. 대구와 경북은 비율이 다소 낮지만 2014년 말 외국인 등록자 수는 각각 2만 5000여 명, 4만 7000여 명에 이른다. 미등록체류자와 단기체류자 등을 더하면 우리 주변의 외국인 수는 이보다 더 많아진다.

외국인 이주자 정책의 변화

그동안 외국인 이주자 정책은 거의 중앙정부에서 입안되었고, 지자체들은 단지 이를 수행하는 기능을 담당해왔다. 물론 지방의회에서 이들을 지원하기 위한 조례들이 제정되긴 했지만 형식적이고 획일적이었다. 그러다 보니 외국인 이주자를 위한 지원 정책이나 프로그램은 지역 실정을 제대로 반영하지 못한 채 유사하게 중복되었고, 사회적 통합을 앞세운 동화주의적 정책의 한계를 벗어나지 못했다.

그러나 최근 이러한 경향이 다소 변화를 보이고 있다. 한 사례로, 대구 서구 비산7동에서 추진 중인 '안전마을 만들기' 사업을 들 수 있다(≪대구신문≫, 2015.4.20). 이 지역은 북부정류장 일대로, 염색공단이 가까이 위치해 있고 상대적으로 주거환경이 열악한 쪽방촌 지역이며, 외국인 노동자이 밀집한 곳이기도 하다. 서구청은 이곳을 주민참여형 안전마을 만들기 사업 대상지로 선정해서 4월 20일 주민설명회를 열었다.

이 지역 주민 1만 3000여 명 가운데 등록 외국인은 700여 명이지만 실제 거주하는 외국인 근로자는 미등록자를 포함해서 2000여 명에 이를 것으로 추산된다. 또한 밀집한 쪽방촌에는 차상위층, 홀몸 노인, 영세 서민 등 우리 사회의 소외계층이 주로 거주한다. 이 지역은 노후하고 열악한 주거환경으로 화재가 발생하거나 우범지대로 전락할 위험을 안고 있다.

이번 사업은 이러한 지역의 주거환경을 개선하고 외국인 이주자들과 원주민들이 더불어 살기 좋은 쾌적하고 안전한 지역사회를 만들어내고자 한다는 점에서 바람직한 정책이라고 할 수 있다. 정부 정책은 흔히 외국인 이주자를 경원시하는 경향이 있지만, 이번 사업은 특히 이들을 참여의 주체로 인식하고 포용하고자 한다는 점에서 의미를 가진다.

이러한 사례 외에도 최근 달서구는 야외 공연장에서 아시아 각국의 문화를 알리는 부스를 마련해 어린이들이 다문화를 이해할 수 있도록 '이웃나라 문화체험' 행사를 열었으며, 외국인 주민의 한국 생활 적응을 돕기 위한 프로그램을 운영하기도 했다. 경북 지역에서도 경산시에서 시작된 외국인 근로자 자율방범대 운영이 확산되고 있으며, 경산산업단지 내에 외국인 근로자들을 위한 '근로자건강센터'가 곧 문을 열 예정이다.

외국인 이주자들을 위한 지역사회의 역할

외국인 이주자들 역시 보편적 가치와 인간적 권리를 보장받아야 하기에 이들에 대한 배려와 지원은 당연히 국가 정책에 반영되어야 한다. 그러나 이들은 국적이 없다는 이유로 중앙정부 차원의 정책에서 배제되는 경향이 있다. 따라서 이들을 위한 구체적인 정책을 지역사회에서 우선 마련할 필요가 있다. 이들은 지역의 주민으로 정착해 살아갈 뿐만 아니라 지역경제 성장과 지역사회의 유지와 재생산에 많이 기여하고 있기 때문이다.

최근 지역사회에서 이루어지는 외국인 이주자 관련 사업은 과거에 비해 많이 다양해졌고, 이주자들의 생활과 밀착된 지원 활동, 나아가 이들이 직접 참여하는 활동으로 발전해가고 있다. 즉, 외국인 이주자 관련 정책이나 프로그램은 한글 교육이나 다문화축제처럼 단지 사회적 통합, 또는 시혜적 차원에서 단편적으로 추진될 것이 아니라, 진정한 다문화주의에 바탕을 두고 이들의 문화와 정체성을 인정할 수 있는 장기적 사업으로 발전시켜나가야 한다.

문화적 측면에서는 외국인 이주자의 소수 문화와 원주민의 주류 문화가 상호 교류하고 소통하기 위한 정책을 강구해야 할 것이다. 또한 사회복지적 측면에서는, 비록 비자가 없는 미등록 체류자라 할지라도 이들이 가족과 함께 살아가기 위해 필요한 실질적인 복지정책, 예를 들어 외국인 이주자를 위한 교육 및 의료지원체계를 구축해야 한다. 나아가 정치경제적 측면에서 이들의 고용 안정과 정치 참여를 위한 시민권이 보장되어야 할 것이다.

2015.5.21.

8-2
다문화공간의 형성과 다문화주의

지구지방화와 다문화공간

오늘날 교통통신기술의 발달과 더불어 자본주의 경제의 지구화 과정은 상품, 자본, 정보의 초공간적 이동뿐만 아니라 노동력의 국제적 이주도 촉진하고 있다. 한국에서도 국내 거주 외국인 수가 2007년 100만 명을 넘어섰고, 그 증가 속도는 점차 빨라지고 있다. 이러한 국제 이주는 한 국가에서 이주해서 다른 국가에 적응해 살아가는 것을 전제로 한다는 점에서 지구화의 공간성, 즉 탈영토화와 재영토화의 전형이라고 할 수 있다.

사실 지구화란 자본주의의 경제, 문화 현상들이 지구적 차원으로 확장될 뿐만 아니라 일정한 국지적 장소에 뿌리를 두어야 한다는 점에서 '지구지방화' 과정이기도 하다. 이러한 과정에서 나타나는 사회문화적 현상들을 고찰하거나 개념화하기 위해 흔히 '다문화사회'라는 용어가 사용된다.

그러나 공간적 측면을 직접 드러내기 위해 '다문화공간'이라는 용어가 사용될 수도 있다.

다문화공간이라는 용어는, 지구지방화 과정에 의한 사람들의 국제적 이주와 새로운 지역사회에서의 적응과 문화적 교류 및 혼합의 공간적 측면을 부각할 수 있다. 다문화공간의 개념은 또한 이러한 인종적·문화적 혼합으로 발생할 수 있는 사회문화적·공간적 갈등(예를 들어 주거지 분화)과 이를 무마하고 사회공간적 통합을 추구하는 정책의 이데올로기적 특성을 드러낸다. 또 다른 맥락에서는 탈지구화 시대에 구축될 새로운 공간과 지구지방적 윤리를 제안하기 위해 사용될 수도 있다.

자본의 이동 대 노동의 이동

자본주의 경제에서 원료와 상품의 국제적 이동은 초기부터 촉진되었지만, 자본의 국제적 이동은 대체로 최근의 현상이라고 할 수 있다. 특히 1970년대 중반 이후 서구 선진국들이 당면한 포드주의적 경제 위기를 해소하기 위해 해외 직접투자를 증대시키면서 자국 내 유휴자본을 해외로 이전시키게 되었다. 한국도 1990년대 이후 이러한 해외 직접투자를 증대하고 있다.

해외 직접투자를 통한 자본의 국제적 이동은 투자국에 대규모 생산설비를 조성하고, 값싼 노동력을 이용하거나 새로운 시장을 확보할 수 있도록 한다. 그러나 해외 투자국에 건설된 생산설비들은 일단 조성된 후에는 이전이나 철수가 어렵고, 해당 국가의 노동력을 통제하는 것 또한 쉽지 않으며 무엇보다도 해외 자본 유출로 국내 생산설비가 부족해지고 이로 인해 산업이 공동화되면서 자국 내 실업률이 증가하게 된다.

이러한 상황을 회피하기 위해 기업들은 자본의 국제적 이동보다는 해외 인력의 유입을 통해 값싸고 쉽게 통제될 수 있는 노동력을 이용하면서 국내 생산을 유지·확충하는 방법을 선호한다. 국내 노동력에 비해 유입된 외국인 노동력은 값싸고 저항이 적을 뿐 아니라, 노동력의 훈련이나 사회적 재생산에 소요되는 비용 지출에 대한 자본과 국가의 책임을 경감시킨다.

지구지방화의 이데올로기로서 다문화주의

이렇게 유입된 노동력은 새로운 지역사회에 적응하면서 직장이나 거주지 주변에 다문화공간을 만들어나간다. 그러나 이렇게 형성된 다문화공간은 원주민 지역 사회에서 배제·격리된 외국인 이주자들의 주거지 분화를 초래하면서 점차 원주민과의 갈등이 유발될 수 있는 가능성이 증대된다. 이에 따라 정부는 잠재된 갈등을 무마하고 외국 노동력을 지속적으로 활용할 수 있도록 이른바 다문화주의 정책을 추진하고 있다.

다문화주의는 다양한 문화를 서로 존중하고 여러 인종이 조화롭게 생활할 것을 강조한다. 정부는 다문화주의 정책을 통해 이주민들이 지역사회에 원활하게 적응하고 원주민들 간 원만한 관계를 이룰 수 있도록 지원하고자 한다. 다문화주의는 이주민을 무조건 원주민에 통합시키고자 하는 동화주의나 이들을 배제하고자 하는 배타주의에 비해 바람직한 정책이라고 할 수 있다.

그러나 이러한 다문화주의 정책도 결국 값싼 외국인 노동력을 이용해서 자본축적이나 경제성장을 도모하고자 하는 자본주의 기업과 국가의 전략이라고 할 수 있다. 즉, 다문화주의는 지구지방화 과정에서 노동력을 통제하고 사회공간적 통합을 이루어내기 위한 이데올로기라고 할 수 있다. 이러한 점에서 슬라보예 지젝Slavoj Zizek은 다문화주의를 "초국적 자본주의의 문화적 논리"라고 비판한다(최병두 외, 2011: 39). 즉, 다문화주의는 외국인 이주자들의 사회공간적 통합을 추구하지만, 실재 만들어진 다문화공간은 초국적 자본주의에 내재된 갈등의 국지성을 반영한다.

탈지구화 시대의 새로운 다문화공간

이와 같이 다문화주의는 한편으로는 분명 비판받아야 하지만, 다른 한편으로는 완전히 포기될 수 없는 것처럼 보인다. 왜냐하면 최근 서구 사회에서처럼 다문화주의 정책을 포기할 경우, 오히려 동화주의 또는 배타주의 정책이 강화될 수도 있기 때문이다. 그뿐 아니라 다문화주의는 타자에 대한 존중과 사회공간적 화합이라는 규범성을 분명히 내재하고 있다. 사실 지구지방화 과정을 통해 이미 엄청난 사람들이 국제적으로 이주했고, 세계 도처에 문화적 혼합이 이루어지고 있다. 따라서 이를 위한 새로운 다문화 윤리가 요구되고 있다.

다문화주의는 인종적·문화적 차이를 진정으로 상호 인정하기 위한 실천적 윤리나 민주정치와 관련된다. 다문화공간은 이러한 다문화주의를 전제로 다양한 문화를 가진 여러 인종이 상호 존중하면서 공생하기 위해 함께 구축해나가야 할 이상적인 공간이다. 즉, 다문화공간은 한편으로는 후기 자본주의의 문화적 공간으로 비판받아야 하지만, 다른 한편으로는 이러한 이데올로기를 극복하고 탈지구화시대의 새로운 윤리를 구현할 수 있는 삶터로 거듭나야 하는 과제를 안고 있다.

2009.2.14.

8-3
다문화사회를 위한 지역 공생 전략

다문화주의와 다문화정책

1990년대 외국인 이주자들의 급속한 유입이 시작된 이후 한국에서도 이주노동자나 결혼이주자에 대한 개별 정책들이 시행되긴 했지만, 실제 이들에 대한 종합적인 대책이 마련된 것은 2000년대 중반 이후이다. 이 시기 정부는 다인종·다문화사회에 대비해서 외국인 이주자에 대한 차별 해소와 사회통합을 위한 범정부적 차원의 종합대책을 마련했다.

당시 정부는 국익을 우선해 외국인 이주자들을 통제·관리하고자 했던 패러다임에서 외국인 이주자의 인권 보장과 상호 이해 및 존중을 전제로 한 새로운 다문화주의적 패러다임으로의 전환을 제시했다. 이에 따라 국적법이나 출입국 관리법, 재외동포법에서 규정되었던 외국인 관련 정책이 국가 차원의 '외국인 정책'으로 개선되었다.

그러나 '다문화주의'를 지향하는 것처럼 보이는 정책 패러다임의 전환이 실제 외국인 이주자 정책에 어떻게 반영되었는가는 달리 살펴보아야 할 문제이다. 사실 이렇게 변화한 패러다임에 근거해 정부는 외국인 이주자 정책을 중장기적 관점에서 종합적·체계적으로 추진하고자 했지만, 정부의 '다문화 정책'은 여전히 외국인 이주자를 국가 경쟁력 강화를 위한 수단으로 받아들이면서 이들에 대한 체류 질서를 확립하고자 하는 통제와 통합을 우선시하고 있다. 또한 이러한 정부 주도적 정책이 외국인 이주자들의 유형에 따라 달리 적용되고 있다는 점도 문제로 지적된다. 즉, 정부는 여전히 결혼이주자들에 대해서는 동화주의적 정책을, 이주노동자들에 대해서는 차별적 배제주의 정책을 시행하고 있다.

또 다른 문제는 이러한 외국인 이주자 정책이 거의 전적으로 중앙정부에 의해 주도되고 있으며, 지방자치단체의 정책은 거의 없거나 획일화되어 있다는 점이다. 외국인 이주자들은 국적별·유형별로 공간적 분포를 달리하고 있다. 따라서 지역사회가 우선적으로 이들을 포용하고 공생적으로 발전할 수 있도록 앞장서야 할 뿐 아니라, 지역별로 특화된 유형이나 국적의 외국인 이주자들에게 적합한 지역특정적 정책을 마련해야 한다.

선진국의 경우, 한 국가 내에서도 지방정부가 중앙정부와는 다른 정치적 이념을 가지고 지방 행정을 주도하면서 지역별로 차별화된 이주자 관련 정책을 시행한다. 그러한 예로, 일본의 혁신 지자체들은 중앙정부보다 앞서 외국인 이주자 관련 정책을 추진하면서 지역별로 독자적인 정책이나 지원 프로그램을 시행하고 있다(최병두, 2011). 그러나 한국의 지자체는 외국인 이주자들에 관한 정책에 적극적인 관심을 보이지 않거나 획일화된 정책이나 프로그램을 시행하는 정도이다.

현재 한국 지자체는 중앙정부가 제정한 '재한외국인 처우 기본법'과 '다문화가족지원법' 등이 위임한 바에 따라 약간씩 조례들을 수정하고 이에 근거해 이주자 관련 정책을 시행하고 있다. 이들은 크게 세 가지 유형으로 구분된다. 첫째는 '거주외국인 지원 조례'(또는 '외국인 주민 지원조례', '외국인 노동자 지원 조례' 등으로 불린다)로, 지역 내에 거주하는 외국인 이주자 지원 정책을 총괄 규정하며, 일부 지자체에서는 이주노동자에 대한 지원을 부각시키기도 한다. 가장 많은 지자체들이 제정한 조례로, 상대적으로 오래되고 포괄적인 내용을 담고 있다.

둘째는 '다문화가족 지원 조례'로, 결혼이주여성과 다문화가족을 지원하기 위한 내용을 담고 있으며, 대부분의 광역 및 기초지자체에 제정되어 있다. 셋째는 '외국인 인권 조례'로, 불법체류자 등 지원 사각지대에 있는 외국인 소수자 보호 조례라는 점에서 의미가 있다. 그러나 가장 최근(2009년 이후) 제정되기 시작해서, 이 조례를 제정한 지자체는 많지 않다.

각 지자체는 이러한 다문화 관련 조례들에 근거해 외국인 이주자 정책을 추진하고 관련 예산을 편성한다. 이 예산은 대부분 중앙정부가 지자체의 보통교부세와 총액 인건비 산정 수요에 등록 외국인 수를 반영해서 지원하는 교부금에 주로 의존한다. 관련 예산은 크게 증가하는 추세이지만, 연도별로 큰 편차를 보인다.

지역사회 다문화정책의 문제점

지역 차원에서 지방자치단체들이 시행하는 외국인 이주자 관련 정책은 중요한 의미를 가지지만, 현재로는 매우 미흡할 뿐만 아니라 시행되고 있는 정책도 몇 가지 주요한 문제점을 가지고 있다.

첫째, 각 지자체의 관련 정책들은 중앙정부의 정책처럼 기본적으로 동화주의 또는 차별적 배제주의의 성향을 보이고 있다. 이러한 점은 지자체의 관련 조례 제정에 바탕이 되는 '재한외국인 처우기본법' 제12조 "국가 및 지방자치단체는 결혼이민자에 대한 국어교육, 대한민국의 제도·문화에 대한 교육, 결혼이민자의 자녀에 대한 보육 및 교육 지원 등을 통하여 결혼이민자 및 그 자녀가 대한민국 사회에 빨리 적응하도록 지원할 수 있다"라는 점에서도 확인된다. 이 내용은 이민자 집단의 문화를 인정함으로써 사회통합을 이룬다는 다문화주의 자체가 목적이라기보다는 한국의 발전과 사회통합이라는 집단 성장 및 통합주의 관점에서 제시된 것이라고 할 수 있다.

둘째, 외국인 이주자 관련 조례의 제정과 예산 편성이 지자체별로 큰 편차를 보인다. 이주자와 관련된 지자체의 예산은 변동 폭이 매우 클 뿐만 아니라 지역마다 편차가 커서 서울시의 관련 예산은 2008~2011년 사이 전체 지자체 예산의 56%를 차지할 정도로 큰 비중을 차지하고 있는 반면, 전북은 이 기간 전체 지자체 예산의 평균 2.7%를 차지했다. 한편 2008~2010년간 전북의 외국인 이주자 관련 예산은 3년을 통틀어 2억 8000만 원에 지나지 않았다.

지자체별 편차는 조례 제정에서도 나타나고 있다. 실제 서울시 거주 등록 외국인은 구로구와 인접한 영등포구, 관악구 등에 많이 분포하는데도 다문화가족, 거주외국인 관련 지원에 관한 자치법규 제정은 우선적으로 이루어지지 않고 있다.

셋째, 지방자치단체들은 중앙정부의 정책에 거의 전적으로 의존하면서 지역 내 및 지역 간 자발적인 거버넌스 체계를 구축하지 않고 있다. 지자체들이 지역사회에 거주하는 외국인 이주자를 포용하고 실질적으로 이들의 정착 과정을 지원하기 위해서는 외국인 이주자들의 의견을 직접 청취하거나 이들이 참여할 수 있는 공적(공식적 및 비공식적) 공간을 제공할 필요가 있다.

그뿐만 아니라 지역사회의 외국인 이주자 정책에는 이들의 유입·정착으로 일상생활공간을 공유하게 된 기존 주민의 의견이나 외국인 이주자들을 지원하는 지역사회단체들의 의견을 수렴할 수 있는 거버넌스 체계가 필요하다. 나아가 외국인 이주자들이 밀집한 지자체들 간에는 지역의 다문화공간 형성과 관련된 정보를 교류하고 문제를 해결하기 위한 방안을 모색해서 필요할 경우 중앙정부에 이 방안의 시행을 요청할 수 있는 논의의 장이 필요하다. 한국의 지방정부는 외국인 이주자와 관련된 이러한 거버넌스 체계를 전혀 구축하지 못하고 있다.

넷째, 외국인 관련 정책과 지원 활동에는 중앙정부 및 지자체뿐 아니라 시민사회단체의 역할이 중요하지만, 시민사회단체는 이들에 대한 지원 체계를 제대로 갖추지 못하고 있다. 지역사회에서 민간단체에 의한 외국인 이주자 지원 활동은 이들의 유입이 급증하기 시작했던 1990년대 초와 때를 같이하며, 2000년대 이후 확대되었다. 외국인 이주자 지원 단체들은 이들을 위한 각종 행사를 개최하거나 의료지원, 쉼터 운영, 소식지 출판 등의 사업을 추진하고, 상담활동을 통해 이주노동자의 임금 체불, 의료, 산업재해, 출국 관계, 폭행 등의 문제를 해결하며, 필요할 경우 법률 지원도 한다.

이러한 외국인 이주자(특히 결혼이주자) 관련 지원 사업이나 프로그램은 다양한 기관(중앙정부 지원 사업, 지자체 지원 사업, 민간단체 시행 사업)에 의해 수행되고 있다. 그러나 다양한 기관들에 의해 지원 사업이 수행되었지만, 실제로는 유사한 프로그램이 중복되는 양상을 보인다. 그리고 이주노동자의 지원 사업은 순수한 민간단체의 활동 외에는 거의 찾아보기 어렵다.

다문화 지역사회의 공생발전을 위하여

앞으로도 외국인 이주자들의 대규모 유입이 지속되고 이에 따라 다문화 사회로의 본격적인 전환이 예상되는 상황에서 이들에 관한 정책은 중앙정부의 각 부처뿐만 아니라 지방정부의 주요한 과제가 될 것이다. 물론 중앙정부는 국내로 이주하는 외국인 이주자의 출입을 국가적 차원에서 통제하고 법과 제도의 개선, 지원 정책의 입안, 이를 시행하기 위한 예산 편성 등 정책의 큰 틀을 마련해야 한다. 하지만 실제 외국인 이주자들과 직접 접촉하면서 이들의 정착 생활을 위한 정책 수립과 지원 활동을 할 수 있는 기관은 지방자치단체와 지역에서 활동하는 시민사회단체들이다. 따라서 도시 및 지역 차원에서 다문화 공생 발전을 위한 노력을 반드시 해야 한다.

이러한 점에서 다문화사회(공간)로의 전환 과정에서 도시 및 지역이 공생적으로 발전하기 위한 대안적 정책으로 다음과 같은 몇 가지 사항이 제시될 수 있다. 첫째, 외국인 이주 관련 정책은 중앙정부가 단순히 외형적으로 표방하는 다문화주의 정책 패러다임이어서는 안 되며, 지역 사회에서 살아가는 외국인 이주자들의 삶을 구체적으로 반영해야 하며 이들에게 실질적으로 필요한 내용으로 구성되어야 한다. 외국인 이주자의 급속한 유입으로 다문화사회로의 전환이 불가피함을 인정하면서도 이들을 기존의 질서와 제도에 따라 사회(공간)적으로 통합시키기 위해 차별적으로 배제하거나 동화주의적 정책을 시행한다면 실제 이들의 주체적 참여와 자발적 통합을 이루어내기 어렵다.

둘째, 외국인 이주자들에게 필요한 정책에는 중앙정부가 국가적 차원에서 개선해야 할 점들(예를 들어 국적 취득 문제, 출입국 관리 문제 등)도 포함되어야 하지만, 무엇보다도 실제 이들이 생활하는 도시 및 지역 단위인 지방정부의 적극적인 관심과 지원 방안들이 포함되어야 한다. 즉, 외국인 이주자 관련 정책은 중앙정부에 의해 일방적으로 제시될 것이 아니라 외국인 이주자들이 직접 참여하면서 지역의 특성이나 사회공간적 맥락을 반영해야 한다. 따라서 지방정부는 외국인 이주자의 의견이 지역 정책에 직간접적으로 반영될 수 있는 다양한 유형의 거버넌스 체제를 구축해야 한다.

셋째, 지역주민들의 다문화 의식을 제고하고 지역사회의 다양한 시민사회단체들의 지원 활동을 활성화시켜야 한다. 다문화사회 공간으로의 전환은 단순히 외국인 이주자의 유입과 지역사회 정착으로 이루어지는 것이 아니며, 또한 정부(중앙 및 지방)가 이들에 대해 일방적으로 다문화정책을 시행한다고 해서 이루어지는 것도 아니다. 다문화사회로의 전환은 지역사회에 정착한 외국인 이주자들과 기존 주민들이 상호 교류를 통해 경험과 인식을 공유하면서 새로운 공동체적 의식과 가치, 생활양식과 문화를 만들어나갈 것을 요청한다.

새로운 지역 사회에 적응할 수 있도록 외국인 이주자들을 교육하는 일뿐 아니라, 새로운 이방인을 자신의 지역사회의 일원으로 받아들일 수 있도록 기존 주민들에게 다문화 교육을 실시하는 것도 중요하다. 또한 지방자치단체는 지역주민들이 자발적으로 참여해서 외국인 이주자들을 지원하는 지역사회단체들(일반 시민단체나 여성단체에서부터 종교단체나 노동조합에 이르기까지)과 함께 정책을 시행하거나 이 단체들에 대한 지원을 더욱 확대시켜나가야 한다.

넷째, 외국인 이주자들을 위한 정책은 단순히 시혜적인 복지 제공에 그쳐서는 안 되며 이들이 지역사회에서 살아가는 데 필요한 사회문화적·정치적·경제적 권리를 보장하는 것을 주요 내용으로 해야 한다. 외국인 이주자들은 일정 기간 국적을 가지지 못하기 때문에 국적에 근거한 권리의 개념을 벗어난 새로운 의미의 다문화적 시민권의 개념이 강조되고 있다. 기존의 시민권 개념은 국민국가의 구성원들에게 한정되었지만, 다문화사회에서의 시민권은 누가 시민(또는 주민)인가라는 공동체 구성원의 자격 및 지위의 문제 그리고 인종 및 문화의 다양성에 직면한 공동체의 정체성과 통합의 문제와 관련된다. 나아가 다문화사회에서의 시민권은 국가적 개념에서 지구지방적 시민권의 개념으로 재규모화되고 있다.

2012.1.15.

제 9 장

국토 공간과 도시 이론가들

1 데이비드 하비, 자본의 공간에서 '희망의 공간'으로

2 하트와 네그리, 비물질적 생산과 인지자본주의

3 닐 스미스, 불균등발전, 도시 재활성화, 제국의 세계화

9-1

데이비드 하비, 자본의 공간에서 '희망의 공간'으로

데이비드 하비는 누구인가?

현대 사회에서 공간은 인간 삶의 터전이 아니라 자본축적을 위한 물적 토대로 작동하고 있다. 특히 1970년대 서구 경제의 침체 이후 등장한 신자유주의는 자유시장의 논리에 따른 공간의 재구성을 촉진해왔다. 그러나 2008년 미국 금융위기의 세계화 과정에서 드러난 바와 같이, 신자유주의는 결코 성공할 수 없는 대안으로 판명되고 있다. 다른 한편 과거 사회주의 국가들의 붕괴로 새로운 사회공간에 대한 불신이 만연해 있다.

이러한 상황에서 진정한 대안적 공간이 가능한가? 데이비드 하비David Harvey는 신자유주의라는 타락한 유토피아주의에 몸을 맡기고 살아가기보다는, 진정한 유토피아적 꿈을 잃지 않고 새로운 희망의 공간을 만들어나가야 한다고 역설한다.

하비는 1935년 영국에서 태어나 케임브리지대학교에서 지리학을 공부하고 1961년 박사학위를 받았다. 그 후 영국 브리스톨대학교에서 교수 활동을 시작해서 1969년 미국 존스홉킨스대학교로 자리를 옮겼으며, 1987년 영국으로 돌아가 옥스퍼드대학교 지리학과의 석좌교수가 되었지만, 1993년 다시 존스홉킨스대학교로 돌아왔다. 그리고 2001년 뉴욕시립대학교로 자리를 옮겨 석학교수로 재직 중이다.

그는 처음에 실증주의적 지리학에서 출발했으나 곧 마르크스 지리학으로 전환해 『사회정의와 도시』(1973), 『자본의 한계』(1982) 등을 출간했고, 포스트모더니즘에 대한 비판으로 『포스트모더니티의 조건』(1989)을 출간했으며, 자연·환경문제에도 관심을 가져 『정의, 자연, 차이의 지리학』(1996)을 출간했다. 또한 자본주의 도시 공간에 대한 비판과 대안의 모색으로 『자본의 공간』(2001)과 『희망의 공간』(2001)을 출간했다. 2000년대 이후에는 현실 문제에도 직접적인 관심을 가지고 『신제국주의』(2003), 『신자유주의』(2005)를, 최근에는 『자본의 수수께끼』(2010), 『반란의 도시』(2013), 『자본의 17가지 모순』(2014) 등을 출간했다. 그의 책은 대부분 한국어로 번역되어 있다(최병두, 2011).

공간의 개념과 사회이론

공간은 흔히 텅 빈 공간, 또는 사물을 담고 있는 그릇 정도로 이해되는 경향이 있다. 그러나 이 세상의 어디에도 텅 빈 공간은 없다. 공간은 사물을 비우면 남게 되는 그릇이 아니다. 공간은 항상 사물과 함께하며, 사물에 의해 사회적으로 (재)구성된다. 마찬가지로 사물은 공간(그리고 시간)을 떠나 존재할 수 없으며, 오직 공간 속에서 (재)생성된다. 그동안 사회이론이나 철학에서 이러한 공간의 개념은 무시되거나 간과되어왔다. 하비가 진보적 사회이론에 기여한 점 가운데 하나는 공간의 개념을 사회이론의 중심으로 자리매김하게 만들었다는 것이다.

하비는 사회적 과정과 공간적 형태 간의 관계를 변증법적 관점에서 이론화하고자 한다. 그에 의하면, 공간과 사회는 각각 주어진 실체가 아니라 상호 관련된 관계 속에서 그 특성을 부여받게 된다. 공간이나 장소는 단순히 그 자체로서 존재하는 것이 아니라 인간의 실천을 통해 생산되고 재현된다. 자연환경 역시 그 자체로는 독립된 가치를 가지지 않으며, 항상 인간 생활과의 관계 속에서 생산되고 재생산된다. 이와 같이 인간은 자신을 둘러싼 공간환경을 (재)생산하면서 또한 인간의 본질과 사회 구조도 (재)구성한다.

자본의 신자유주의적 공간 지배와 금융위기

자본주의 사회에서 공간은 그 사회를 구성하는 기본 원리, 즉 자본축적의 논리에 의해 (재)구성된다. 하비의 이론에 의하면, 자본은 일차적으로 상품 생산-소비 과정을 통해 순환하며, 이 과정에서 형성된 잉여가치를 축적시켜 사회적 부를 확대해나간다. 특히 자본주의 사회에서 발달한 노동의 분업은 생산과 소비를 공간적으로 분리시키고 자본의 축적 과정을 공간적으로 끊임없이 확장시키는 한편, 이를 통해 형성된 사회적 부를 일정한 지역으로 집중시킨다. 그러나 이 과정은 흔히 상품 시장의 포화로 인해 과잉축적의 위기를 만들어내는 경향이 있다. 그러면 자본은 이러한 위기를 회피하기 위해 도로나 공단, 주택 등 도시 건조 환경의 건설에 투자를 확대하게 된다.

도시 공간에 대한 투자를 통해 자본은 현재보다 미래에 발생할 수익을 앞당겨 현가화(예를 들어 토지의 지대나 은행의 이자와 같이)해서 이윤을 얻고자 한다. 그러나 이 과정에서 신용체계의 발달과 금융자본의 지나친 확대로 인해 부동산시장의 거품과 세계적 금융 공황을 포함한 새로운 위기 국면이 초래된다. 대규모 도시재생 사업 등과 같이 건조 환경의 재편성과 이를 통한 축적 과정(하비는 이를 '확대재생산에 의한 축적'과 구분해서 '탈취에 의한 축적'이라고 명명함)은 금융자본의 확대로 인해 초래될 위기를 일시적으로 해소시켜준다. 그러나 이러한 공간환경의 재편 과정에 내재된 '공간적 조정'과 '탈취에 의한 축적'은 지역불균등발전을 세계적 차원으로 확대시킴으로써 결국 제국주의의 팽창과 제국들 간 전쟁을 초래할 수 있다.

현 단계 자본주의의 발전 과정은 특히 1970년대 영국과 미국을 중심으로 도입된 후 전 세계적으로 확산된 신자유주의를 전제로 하고 있다. 신자유주의는 민영화와 탈규제같이 사적 소유의 확대와 자유시장의 확산을 통해 침체된 경제에서 벗어나고자 한다. 그러나 실제 이 과정에서 세계경제의 성장은 회복되기보다 오히려 위축되었고, 개별 국가 내에서도 복지 지출의 축소로 양극화는 더욱 심화되고 있다. 하비에 의하면, 미국의 서브 프라임 모기지 사태와 이로 인한 전 세계적 금융위기는 신자유주의적 양극화 과정에서 초래된 도시 부동산시장의 위기로 이해된다. 즉, 잉여자본이 도시 건조 환경의 확충에 대대적으로 투입되었지만, 중하위 계층의 실수요자들은 저임금으로 인해 구매력이 부족한 상태였고, 그들의 신용이 붕괴되면서 금융위기가 일어나게 된 것이다.

포스트모더니즘을 넘어서 희망의 공간으로

이러한 자본주의적, 특히 신자유주의적 공간 속에서 우리는 어떤 전망을 가질 수 있는가? 1990년대 포스트모더니즘은 흔히 모더니즘, 나아가 자본주의에 대한 대항 운동으로 부각되었다. 그러나 하비에 의하면 모더니즘과 포스트모더니즘의 역사 간에는 차별성보다 연속성이 더 두드러지며, 사실 포스트모더니즘은 정치경제적 현실과의 직접적인 대응을 회피한다는 점에서 소극적이거나 심지어 위험한 것으로 평가된다.

하비는 포스트모더니즘이 재현하고자 하는 포스트모더니티의 조건으로 20세기 후반 자본주의의 정치경제적 전환 및 시공간적 변화를 강조한다. 특히 교통·통신의 발달에 따른 '시공간적 압축' 과정은 자본축적을 가속화시킬 뿐 아니라 인간의 의식과 일생생활의 시공간적 변화를 초래하고 있다. 하비는 포스트모더니즘의 영향하에서 강조되고 있는 장소의 정체성과 '차이'의 중요성을 인정하지만, 이들은 공간의 구성에 대한 거시적 분석과 결합할 때만 의의를 가진다고 주장한다.

하비는 이러한 신자유주의적 자본축적 공간을 극복할 수 있는 유토피아적 공간에 관한 철학적 의미와 역사적 발전 과정을 다소 추상적으로 고찰한다. 그는 사회적·환경적 정의를 이론화하고자 하는 한편, 지리적 상상력 또는 '공간적 유희로서의 유토피아'를 사회적 관계, 도덕적 질서, 정치경제 체제 등에 관한 흥미로운 사고를 탐구하고 표현하는 창의적인 수단으로 강조한다. 하비에 의하면, 희망의 공간은 인간의 꿈을 구체화하려는 공간적 유토피아와 인간의 이상을 지향하는 사회적 유토피아의 변증법적 결합으로 이루어진다.

다른 한편 하비는 더 구체적으로 과거의 노동운동보다는 탈취에 의한 축적에 반대하는 다양한 사회운동을 강조하면서, 다양한 자유와 권리의 개념들 가운데 어떤 것이 신자유주의의 이데올로기에 대항해 진정으로 희망을 가져다줄 것인가에 관한 논쟁이 필요함을 역설한다. 이러한 논쟁에서 그가 제시하는 '도시에 대한 권리'운동은 도시 공간에서 사회적 잉여의 생산, 이용 및 분배에 대한 통제권을 쟁취하는 것을 목적으로 한다.

2009.9.12.

9-2
하트와 네그리, 비물질적 생산과 인지자본주의

비물질적 생산의 역할 증대

1970년대 이후 서구 선진국들은 포드주의 축적체제의 한계를 벗어나서 포스트포드주의 축적체제로 전환되었다. 이 과정에서 만들어진 여러 특성들 가운데 중요하게 지적되어야 할 점은 경제활동에서 비물질적 생산이 핵심적인 역할을 하게 되었다는 것이다. 기술혁신의 가속화와 첨단기술산업의 발달, 특히 정보통신산업의 발달과 정보경제, 나아가 지식기반경제로의 전환은 자연으로부터 획득된 자원의 가공, 즉 물질적 생산보다 기술, 지식, 정보, 문화 등 비물질적 생산이 경제활동 또는 자본축적 과정에서 더 중요한 역할을 하도록 했다. 인지자본주의cognitive capitalism 이론은 자본주의의 발전 과정에서 이러한 비물질적 생산의 핵심적 역할에 초점을 둔 이론들 가운데 하나이다(조정환, 2011; Hardt and Negri, 2009).

자본주의 경제에서 비물질적 생산의 급속한 팽창과 핵심적인 역할이 과학기술이나 정보와 문화 등 '인지'의 영역에서만 이루어지는 것은 물론 아니다. 그러한 예로, 금융자본은 생산과정에 직접 개입하지 않고 생산된 사회적 부의 일부를 이자로 얻거나 다양한 유형의 의제적 자본의 작동을 통해 엄청난 수익을 얻고자 한다. 이러한 금융자본의 활동 역시 매우 중요한 비물질적 경제활동이다. 나아가 신자유주의적 경제 전반을 특징짓는 속성, 즉 노동에 의한 확대재생산에서 형성된 사회적 부의 재분배과정에 개입해서 이루어지는 '탈취에 의한 축적'은 자본주의 경제활동의 무게가 기본적으로 물질적 생산에서 비물질적 생산으로 옮겨오도록 했다.

오늘날 경제활동에서 생산자들은 물질적 생산을 위한 대규모 생산설비보다는 비물질적 요소들, 예를 들어 참신한 아이디어의 개발, 새로운 디자인과 이미지의 창출, 컴퓨터와 인공두뇌의 활용, 암묵적 지식과 공동학습, 상호협력과 사회적 자본, 관광과 축제 등을 통한 문화의 상품화에 더 많이 의존한다. 생산자가 소비자에게 제공하는 상품 가운데 물질적 재화보다 정보, 이미지, 메시지 전달, 그 외 관련된 상징 형태들이 더 큰 비중을 차지하게 된 것이다. 자본가들은 물질적 생산을 위한 투자와 이에 따른 이윤의 획득보다 지적재산권이 확보된 기술이나 정보의 사용에 대한 저작권료, 소프트웨어, 인터넷, 여타 전자 네트워크 이용의 사용료를 독점적으로 전유함으로써 막대한 수익을 올린다.

또한 물질적 생산을 하는 육체노동자들보다 창조성을 전제로 한 고기능 노동자들이 선호된다. 그뿐만 아니라 경제활동 전반에서 물질적 재화의 생산보다 직접 서비스를 제공하는 활동이 늘어나고 있다. 교육과 의료보건(특히 돌봄 노동) 등의 공공서비스가 크게 증가했을 뿐만 아니라 연구개발, 금융 및 보험, 법률·경영 자문, 광고와 시장조사 등 이른바 생산자 서비스업이 새로운 경제활동으로 등장해 급속히 성장하고 있다. 또한 축제와 관광, 스포츠 경기, 다양한 전시 및 예술 활동 등 문화산업이 새로운 관심분야로 떠오르게 되었다. 이러한 비물질적 경제 영역이 급속히 팽창하면서 자본의 활동에서 핵심적인 역할을 하게 되었다.

비물질적 생산과 도시의 변화

이러한 비물질적 생산의 급속한 팽창은 도시 생활과 공간에 지대한 영향을 미치고 있다. 도시는 물질적 생산보다 비물질적 생산의 장으로 전환하고 있다. 오늘날 대도시에서 생산의 기초가 되는 것은 자연으로부터 얻은 토지나 물, 광물 및 에너지 자원 등 물질적 요소라기보다는 인공적으로 만들어진 언어, 이미지, 지식, 코드, 습관, 관행 등 비물질적인 요소이다. 자본주의 도시는 산업화 및 도시화 과정을 통해 점차 자연으로부터 분리되었지만, 산업도시에서의 자본축적은 대규모 공장시설과 거대한 사회간접시설 등의 물리적 건조 환경에 바탕을 두었다. 이들은 산업자본주의와 근대적 도시 발전을 위한 인공의 물적 토대였으며, 자본축적에 직접 기능적으로 기여했다.

이러한 모던 도시와는 달리, 화려한 스펙터클을 자랑하는 포스트모던 도시에서는 인공적 상징이 도시 공간을 가로지르면서 건조 환경에 새로운 의미와 가치를 부여하고 있다. 이에 따라 대도시는 물적 토대로서뿐만 아니라 상징적 경관으로서도 자본축적에 기여하게 되었다. 즉, 오늘날에는 대도시 전체, 물질적 영역뿐만 아니라 상징적 영역까지 자본에 의해 생산된 상품으로서 자본의 순환과정에 편입되고 있다.

대도시 전체가 자본축적 과정에 포섭됨에 따라 생산, 유통, 소비의 시공간적 경계가 사라지고 있다. 과거 물질적 생산은 공장이라는 한정된 장소에서 이루어졌지만, 오늘날 비물질적·상징적 생산은 이러한 공장을 벗어나 가정이나 거리, 심지어 온라인 공간 속에서도 이루어지고 있다. 생산이 작업장 공간을 넘어서 도시 공간 전체로 확산됨에 따라 생산과 유통 및 소비의 구분이 어려워졌다. 생산과정이 곧 유통과정이자 소비과정이 되고 있는 것이다. 그러한 예로 거리의 화려한 전자 광고판은 끊임없이 상징적 언어를 생산하고, 그 옆을 지나가는 사람들에게 곧바로 유통되며 소비된다(조정환, 2011: 228).

자본주의 도시의 초기 발달과정에서 직주분리에 따라 구분되었던 생산공간과 생활공간은 이제 서로 중첩되면서 그 경계가 점차 사라지게 되었다. 생산 공간과 소비 공간이 구분 불가능하게 되었다는 사실은 결국 도시 공간 자체뿐 아니라 그 속에서 이루어지는 모든 활동도 자본축적 과정에 포섭되었음을 의미한다. 이와 같이 도시의 삶 자체가 자본주의 경제에 포섭되었다는 것은 나아가 인간의 신체적 활동과 더불어 정신적 활동도 이에 포섭되었음을 의미한다. 오늘날 대도시는 자본에 의해 생산된 상품이지만 또한 동시에 문화적·예술적 활동의 산물이기도 하다. 세계의 대도시들은 초고층 빌딩과 화려한 건조 환경을 자랑하며, 중소도시에서도 대부분의 도시재생 사업은 문화적·예술적·창조적 방식으로 이루어진다.

이러한 과정으로 인해 오늘날 도시설계자들은 부동산업의 패션디자이너로 활동하고 있으며, 미술, 조각, 영화 등에 종사하는 예술가들은 도시이미지 함양에 동원되고 있다. 예술가들은 자신의 창작 활동을 통해 새로운 상징공간을 생산하며, 이를 소비하는 도시인들에게 새로운 의미와 가치를 부여할 뿐만 아니라 도시 이미지를 고양함으로써 역외 자본이 투입되고 관광객들이 찾아오도록 한다. 그러나 이러한 과정에서 도시인들의 정신적·예술적 활동은 상품화되고 자본축적 과정에 편입되어 이윤의 획득에 더욱 민감해진다.

문화적 전환과 창조경제·창조도시

자본주의 경제에서 이러한 비물질적 생산의 중요성은 경제 및 도시 공간에 관한 이론과 정책에서 이른바 '문화적 전환cultural turn'을 가져왔다. 문화적 전환이란 전통적인 의미의 경제와 문화 간 관계를 다시 고찰해서 경제활동의 메커니즘에 함의된 사회문화적 요인들의 중요성을 부각시키기 위한 시도들과 관련된다. 정보통신기술의 발달에 따른 컴퓨터와 소프트웨어의 보급 확대에서부터 영화와 방송 매체, 관광과 축제의 활성화 등에 이르기까지 새로운 문화상품들의 생산과 소비 그리고 이를 통한 이윤 창출이 경제에서 중요한 역할을 하게 되었고, 이에 따라 경제적 관점에서 문화를 이해하고 이른바 '문화산업'을 정책적으로 육성하고자 하는 경향이 생겼다. 그러나 문화적 전환은 좁은 의미의 문화산업이나 문화가 경제에 기여하는 보조적인 역할을 하기보다는 기술, 정보, 지식의 창출과 확산, 나아가 인간의 문화적·예술적 창조성을 경제성장이나 도시발전을 위한 경쟁력의 새로운 원천으로 간주하고, 국가나 도시가 이들을 함양하고 유치하기 위한 전략에 관심을 가지도록 했다.

최근 한국에서 급부상한 창조경제·창조도시론은 이러한 문화적 전환의 연장선상에서 등장한 것이다(최병두, 2015). 이 이론과 관련된 창조산업 정책은 1990년대 후반 영국에서 먼저 제시되었으며, 창조경제의 개념도 존 호킨스John Howkins에 의해 제시된 바 있지만, 창조경제와 창조도시의 개념을 결합시킨 이론은 2000년대 초 각각 상이한 국가적 배경에서 활동했던 미국의 플로리다, 영국의 랜드리, 일본의 사사키 마사유키 등에 의해 본격적으로 정형화되었다.

이들 가운데 플로리다는 창조도시를 창조적 인력을 유치해 창조성에 바탕을 둔 경쟁력을 갖춘 도시로 이해한다. 그는 높은 자질을 가진 창조적 인간 자원을 지칭하기 위해 '창조계급'이라는 명칭을 사용했으며, 이들을 역동적 도시 발전의 근원으로 간주해 이에 따라 창조산업이 유치되고 도시의 창조경제가 발전할 것이라고 기대했다. 랜드리는 다소 다른 관점, 즉 도시(재생)계획의 관점에서 창조도시를 제안했다. 그는 창조성과 창조도시를 침체한 도시의 사회공간적 문제를 해결하기 위한 창조적 환경을 만들 수 있는 도구로 인식한다. 사사키 마사유키는 창조도시를 과거의 중앙집권적이고 획일적인 도시발전 방식에서 벗어나 지방자치권을 살리고 환경, 문화, 복지, 경제 등의 분야에서 자율적이며 내발적인 발전을 추구하는 도시로 이해한다.

이와 같이 창조경제와 창조도시 이론은 연구자에 따라 다른 배경과 강조점을 가지고 있지만, 특히 각광을 받고 있는 플로리다의 이론은 인간의 창조성을 상품화하고 고기능 전문직 종사자들의 이해관계를 반영한 신자유주의적 전략이라고 비판받고 있다. 한국에서도 이러한 창조경제·창조도시이론이 2000년대 후반 오세훈 전 서울시장이 제시한 창의도시 정책에 반영된 바 있으며, 박근혜정부에 들어와서는 창조경제가 국정의 최우선 과제로 설정되고 있다. 박근혜정부는 선거공약 단계에서부터 창조경제를 경제민주화와 함께 양대 과제로 설정했으며, 출범 직후에도 미래창조과학부의 신설 등을 통해 제시한 과제들을 시행하고자 했다.

박근혜 대통령은 창조경제를 "과학기술과 상업이 융합하고 문화와 산업이 융합해 산업 간의 벽을 허문 경계선에 창조의 꽃을 피우는 것"이라고 강조했다. 그러나 실제 박근혜정부는 임기가 시작된 지 채 1년이 되지 않아 경제민주화를 위한 정책을 포기하고 창조경제를 경제성장을 위한 규제완화 정책으로 편향되게 끌고 가는 경향이 있다. 그뿐만 아니라 창조경제 관련 정책은 창조도시 정책을 수반하지 않음으로써 구체성을 상실한 채 국민들의 정치적 지지를 받기 위한 이데올로기적 수사라고 비판받기도 한다. 한국에서 관심을 끌고 있는 창조경제·창조도시 이론과 정책에 대해서는 좀 더 세밀한 분석이 필요하지만, 이를 포괄한 비물질적 생산의 의의와 한계를 간략히 지적하고자 한다.

'비물질적 생산'에 관한 이론들

오늘날 자본주의 경제에서 비물질적 생산이 핵심적인 역할을 하게 된 것은 사실이다. 많은 사회이론가와 사상가는 이와 같은 자본주의 경제와 도시 공간의 비(또는 탈)물질화 경향을 개념화하기 위해 노력해왔다. 이미 20세기 전반부에 독일 프랑크푸르트학파의 막스 호르크하이머Max Horkheimer와 테오도어 아도르노Theodor Adorno는 근대 도시의 문화산업에 관심을 가지고 이에 따른 의식의 변화를 비판적으로 분석하고자 했다. 미국의 사회학자 대니얼 벨Daniel Bell은 대량생산·대량소비로 특징짓는 산업사회 이후에 도래할 사회를 탈산업사회라고 지칭했다(Bell, 1973). 그는 제2차 세계대전 이후 가속화된 과학기술의 발전은 산업사회의 종언을 고하고 새로운 사회로의 이행을 주도하게 되었다고 주장했다. 탈산업사회의 정확한 모습은 분명하지 않지만, 기본적으로 서비스 및 정보 산업 등 비물질적 생산이 우월한 사회경제라고 주장한다.

또한 마누엘 카스텔Manual Castells은 산업적 발전양식과는 구분되는 정보적 발전양식을 제시하면서(Castells, 1989), 정보산업이 주도하는 정보도시의 등장과 공간구조의 재편을 강조했다. 그에 의하면 기술과 정보, 지식은 모든 경제에 유용하지만, 특히 정보적 발전양식에서 이들은 물질적 생산을 위해 제공되는 것이 아니라 그들 자신의 (비물질적) 생산과 재생산에 개입한다.

최근에는 이와 같이 자본주의 경제에서 비물질적 생산이 핵심적 역할을 하게 되었다는 점을 개념화하기 위해 '인지자본주의'라는 용어가 사용되기도 한다(조정환, 2011). 이 용어는 마이클 하트Michael Hardt와 안토니오 네그리Antonio Negri의 '공통체commonwealth' 연구(Hardt and Negri, 2009)에 바탕을 두고 제안된 것으로, 현대 자본주의에서 비물질적 생산의 중요성을 (비판적 입장에서) 강조하지만, 좀 더 포괄적으로는 1970년대 이후 전개되고 있는 21세기 자본주의를 지칭하기 위해 사용된다. 이들의 인지자본주의 이론은 인자자본주의 자체를 인정하는 것이 아니라 인지자본주의에서 발생하는 '공통적인 것' 또는 '공통체'에 바탕을 둔 대안적 사회를 추구한다.

네그리와 하트의 '공통체' 개념과 인지자본주의

네그리와 하트의 저서 『공통체』(2009)는 우리 사회(특히 대도시)에서 '공통적인 것the common'이 사적으로 전유되는 것을 반대하고 이를 둘러싼 투쟁을 부각시키고자 한다. 여기서 '공통적인 것'이란 물, 토지, 의료, 미디어, 금융 등과 같이 모든 사람에게 개방된 '공통적인 부'뿐만 아니라 사람 간 상호작용을 통해 형성된 네트워크와 같은 '공통적 관계'도 포괄한다. 신자유주의적 지구화는 이러한 공통적인 것을 사유화하려는 시도로 이해된다. 예를 들어 지구와 그 생태계(수자원, 해양, 토지, 삼림, 대기 등)는 공통적인 것이지만, 신자유주의적 전략은 토지개발을 민영화하고 수자원(특히 상수도)을 사유화하고자 한다. 이러한 공통적인 것은 비물질적 형태의 부와 관련해서도 그러하다. 이러한 '공통적인 것'의 개념은 대도시(메트로폴리스)에도 적용된다.

삶정치적 생산의 기초로 기능하는 공통적인 것은 토지, 광물, 물, 가스와 같은 물질적 요소들에 뿌리를 두고 있는 '자연적인 공통적인 것'이라기보다는 언어, 이미지, 지식, 정동affects, 코드, 습관, 관행으로 구성되는 '인공적인 것'

이다. 이 인공적인 공통적인 것이 메트로폴리스의 전 영토를 가로지르며 메트로폴리스를 구성한다(Hardt and Negri, 2009; 하트·네그리, 2014: 350).

조정환의 저서 『인지자본주의』(2011)는 네그리와 하트의 이론을 나름대로 재구성하려고 한다. 그는 1968년 이후 부채 위기를 점철하면서 냉전을 제국적 내전과 테러에 대한 전쟁으로 대체했으며, 2008년 금융위기로 조로早老 현상을 나타내고 있는 21세기 자본주의를 총칭해 '인지자본주의'라고 명명한다. 인지자본주의론은 오늘날 우리 사회에서 경험되거나 이론적으로 거론되는 모든 현상을 이해하기 위한 틀로 설정된다. 따라서 오늘날 대도시의 다양한 현상에도 적용된다. 그는 다음과 같이 말한다.

> 삶정치적 생산은 전통적 의미의 공장처럼 특정하게 분별된 장소, 고정되고 닫힌 공간에서 달성될 수는 없다. 이 때문에 메트로폴리스가 이러한 생산의 요구에 부응하는 직접적인 생산의 공간으로 등장한다. 메트로폴리스는 사람들 사이의 소통과 협력이 이루어지는 생산 공간으로서, 전통적 공간과 가정을 자신의 요소로 포섭(한다)(조정환, 2011: 228).

이에 따라 메트로폴리스를 구성하는 모든 요소, 즉 팩시밀리, 전화기, 인터넷에서부터 슈퍼마켓, 백화점, 승용차, 버스, 지하철까지 모든 것이 연결되며, 도시주민뿐 아니라 농민마저도 특정한 역할을 부여받고 이 연결망 속의 일부로 포섭된다. 이러한 포섭 과정을 통해 "물질적 생산은 비물질적이고 삶정치적인 생산의 마디로 편입된다. 이리하여 메트로폴리스는 삶정치적 생산과 재생산이 이루어지는 포괄적이고 보편적인 생산의 공간으로 확립된다". 요컨대 그에 의하면, 오늘날 메트로폴리스는 물질적·비물질적 삶 전체가 생산되고 재생산된다는 의미에서 삶공장이자 생태공장으로 이해된다.

인지자본주의론의 의의와 한계

이러한 이론가들의 연구와 주장을 결코 무시해서는 안 되지만, 비물질적 생산 자체를 지나치게 강조하는 것은 잘못이다. 왜냐하면 오늘날 경제가 탈산업사회로의 전환을 통해 물질적 생산 패러다임에서 벗어나게 되었다고 할지라도, 모든 경제활동이 완전히 비물질적인 생산에만 의존하는 것은 아니며 결코 그렇게 될 수도 없기 때문이다. 즉, 오늘날 자본주의 경제와 도시 공간은 물질적 생산과 비물질적 생산이 혼합된 사회구성 메커니즘, 즉 물질적 생산을 능가하지만 완전히 비물질적 생산에만 의존할 수 없는 탈물질적 패러다임에 바탕을 두고 있다. 기술과 정보, 지식의 생산에서부터 도시 경관의 스펙터클과 이미지의 생산에 이르는 다양한 유형의 비물질적 생산과 소비는 빵이나 옷, 주택, 자동차 등과 같은 물질적 상품의 생산과 소비와는 질적으로 다른 것이 사실이다. 그러나 어떠한 유형이든 비물질적 생산과 이에 따른 자본축적은 물질적 생산, 즉 물질적 노동에 의한 확대 재생산 없이는 불가능하다.

오늘날 경제활동에서 점점 더 큰 비중을 차지하게 된 비물질적 생산-유통-소비과정은 막대한 양의 물질적 노동과 물질적 하부구조에 의해 뒷받침된다. 예를 들어 올림픽 개막식과 같은 스펙터클을 생산하기 위해서는 대규모 경기장의 건설에서부터 각종 행사시설의 설치에 이르기까지 엄청난 양의 물질적 노동이 요구된다. 비물질적 생산이 전면에 부각되면서 물질적 생산이 은폐되고 있을 뿐이다. 비록 비물질적 지식이나 정보, 스펙터클과 문화가 주요한 상품으로 생산되고 소비되는 경제라고 할지라도 과거의 물질적 생산과 완전히 단절된 형태는 아니며, 여전히 자본축적의 메커니즘에 따라 이루어지고 있다. 달리 말해 인지노동이든 창조적 노동이든, 또는 어떠한 이름으로 불리든 정신적 노동은 물질적 조건에 기반을 두고 가치를 창출하며, 우리는 여전히 자본주의 체제하에서 살아가고 있다. 따라서 21세기 자본주의 경제에서 비물질적 생산을 지나치게 강조하면서 가치이론을 부정하는 것은 성급한 결론이라고 할 수 있다.

그러나 비물질적 생산이 오늘날 경제활동과 자본축적에서 중대한 역할을 하게 된 만큼 이에 대한 철저한 분석이 요구된다. 지적재산권에 의해 보장되는 지식·정보의 독점을 통해 얻는 수익, 주식·채권·외환시장이나 선물시장에서 작동하는 금융자본을 통해 얻는 수익, 부동산 가격 상승이나 부동산 담보대출에 의존하는 투기적 수익, 국가 자산의 민영화와 공적 자금의 편향된 배분을 통해 얻는 수익 등은 모두 자본에 의한 노동의 결과이자 도시 공간(환경)의 의제적 포섭의 결과, 즉 아직 실현되거나 창출되지 않은 수익을 미리 앞당겨 현가화한 수익이라는 점에서 매우 불안정하고 위기에 취약하다.

이러한 영역들에서 비물질적 생산을 통해 작동하는 의제적 자본은 결국 걷잡을 수 없는 투기의 거품을 일으켜 심각한 금융 및 재정 위기를 유발하게 된다. 하비에 의하면(하비, 2014b: 351), 물론 자본은 일시적인 허구의 피라미드 위에 건설된 환상과 상상의 물신세계에 뿌리를 둔 경제를 구축할 수도 있다. 그리고 사실 어느 정도 이미 이런 경제가 구축되고 있다. 그러나 하비가 계속해서 인용한 안드레 고르Andre Gorz의 주장(Gorz, 1989: 100)은 되새겨볼 필요가 있다. "비물질적인 생산과 스펙터클을 좇는 흐름은 무한축적의 새로운 지평이 열리는 것이라기보다는 자본의 마지막 발악에 더 가깝다."

2015.1.

9-3

닐 스미스, 불균등발전, 도시 재활성화, 제국의 세계화

생애와 학문적 배경

닐 스미스Neil Smith에 의하면, '자본주의는 본연적으로 지리적 프로젝트'이다. 그의 지리는 물론 전통적인 지리와는 상당히 달라서, 좁게는 자연의 생산, 불균등발전, 공간적 규모, 도시 재활성화gentrification 등으로 설명되며, 넓게는 역사지리유물론을 구성하는 핵심적 요소로 이해된다. 그뿐만 아니라 그에게 지리는 계급, 인종, 성의 권력관계가 전개되고 서로 투쟁하는 장이고, 이에 따라 끊임없이 생성되고 소멸하는 경관이며, 또한 생산되고 연계되는 '활발한 정치적 과정'이다. 따라서 자본주의가 본연적으로 지리적 프로젝트인 것처럼, 해방의 정치 프로그램을 통해 자본주의를 극복하려는 정치 역시 지리적 프로젝트여야 한다고 주장한다.

그는 지리학자이지만 활동 영역과 학문적 영향력이 지리학을 능가해서 사회과학 및 공간 관련 학문에도 큰 영향을 미쳤다. 그의 주 관심분야는 1980년대 불균등발전론, 1990년대 도시 재활성화이론, 그리고 2000년대 세계화와 제국주의 등으로 확장되어왔다. 이러한 관심 주제와 이론은 얼핏 보면 별 관계가 없는 것처럼 보이지만, 실제로는 일정한 내적 관련성을 가진다. 즉, 초기 불균등발전론에서 개발된 주요 개념을 도시 규모의 미시적 입장에서 적용한 것이 도시 재활성화 이론이라면, 세계 규모의 거시적 입장에서 논의한 것이 세계화와 제국주의론이다. 이러한 점에서 그의 학문적 업적을 단순히 불균등발전론이라고 칭하는 것은 다소 단순화한 것이라고 할 수 있다. 오히려 그의 연구는 '자본주의의 지리이론'으로 명명될 수 있다.

닐 스미스는 1954년 스코틀랜드 출생으로, 이곳에서 가장 오래된 세인트앤드류대학교에 입학해서 1977년 졸업했으며, 재학 중 1년간 미국의 펜실베니아대학교를 다니기도 했다. 학부를 졸업한 후에는 미국의 존스홉킨스대학교에서 마르크스주의 지리학자로 세계적 명성을 얻고 있는 하비 교수의 제자로 연구를 수행하면서 1982년 학위를 받았다. 1982~1986년에는 콜롬비아대학교에서 강의를 했으며, 1986~2000년에는 럿거스대학교 교수로 재직했고, 2000년부터 2012년 세상을 떠나기 전까지는 뉴욕시립대학교의 인류학 및 지리학 석학교수이자 장소·문화·정치센터 Center for Place, Culture and Politics 의 소장으로 재직했다.

그의 주요 저서는 1984년 출간한 『불균등발전: 자연, 자본 그리고 공간의 생산』(1990년 개정), 1996년 출간한 『새로운 도시 전선: 재활성화와 리벤치스트 도시』, 그리고 2002년 출간되어 2003년 ≪로스엔젤레스 타임스≫의 전기傳記 부문 저술상을 수상한 『아메리카 제국: 루즈벨트의 지리학자와 세계화의 서곡』, 그리고 가장 최근인 2005년에 출간된 『세계화의 종반』 등이다. 이 책들을 중심으로 그의 학문적 업적과 경로를 고찰해볼 수 있다.

그는 또한 ≪공간과 사회Society and Space≫, ≪사회적 텍스트Social Text≫, ≪자본주의·자연·사회Capialism, Nature, Society≫ 등 저명한 국제학술지의 편집위원으로 활동했다. 특히 그는 '국제비판지리학대회International Conference for Critical Geography'를 주도적으로 조직했으며, 이 학술대회의 동아시아 지역대회라고 할 수 있는 '동아시아 대안지리학대회East Asian Regional Conference for Alternative Geography' 창립대회(1999년 개최)와 국제비판 지리학대회 제2차 모임(2000년 개최)에 참석하기 위해 한국을 방문하기도 했다. 닐 스미스는 그 외에도 여러 국제적인 실천운동에 활발하게 참여하면서 자신의 이론과 실천 역량을 쌓아갔으며, 관련 분야 연구자들에게도 점점 더 큰 영향을 미치게 되었다.

불균등발전과 자연의 생산

1984년 출판한 닐 스미스의 첫 저서 『불균등발전』은 제시한 개념과 이론의 독창성으로 그를 일약 저명한 지리학자로 만들었고, 그 후 현재에 이르기까지 이 책은 지리학의 고전 가운데 하나로 인식되고 있다. 이 책은 기본적으로 불균등발전에 관한 정치경제학적 이론서(또는 하비의 용어를 빌리면, '역사지리 유물론적 연구서')이면서, 자연의 이데올로기, 자연의 생산

production of nature, 공간적 규모spatial scale등 최근 지리학에서 널리 논의되고 있는 주요 개념을 이미 제시함으로써 지리학의 지평을 새롭게 열었다.

널 스미스는 과학에서의 자연, 시적 자연, 그리고 마르크스의 자연 개념 등을 비교하면서, 자연과 관련된 이데올로기, 은유, 재현 등의 힘이 사회공간적 실천을 구성하는 데 어떠한 영향력을 행사하는가를 고찰했다. 특히 자본주의 사회에서 자연에 관한 지배적 부르주아적 표현에 내재된 모순을 해부하고자 했다. 이 연구에서 그가 제시한 주요 개념은 '자연의 생산'이다. 자연의 생산이란 흔히 자연을 주어진 것으로 간주하고 이를 인간사회와 분리시키는 이원론적 경향에서 벗어나, 자연 역시 물질적·상징적으로 인간에 의해 생산되며 이 때문에 불균등발전의 토대가 된다는 것을 함의한다.

당시 이 개념은 매우 모호하고 역설적이며 혼돈스러운 사고를 제기한 것처럼 보였지만, 그 이후 자연환경의 생산이라는 주제는 인간과 환경 간의 관계를 다루는 지리학뿐만 아니라 사회/자연의 이분법을 극복하고자 하는 환경론이나 정치생태학의 핵심적인 논제가 되었으며, 도나 해러웨이Donna Harraway, 하비 등 많은 학자의 관심과 논쟁을 유발하기도 했다. 특히 이 개념은 현대 자본주의적 재구조화 과정에서 가장 중요한 부문으로, 환경의 재편과 새로운 환경 구성을 둘러싼 정치를 사회적으로 핵심적인 이슈로 삼는다. 이러한 자연의 생산 개념은 앙리 르페브르Henri Lefebvre가 처음 고찰한 '공간의 생산' 개념으로 확장될 수 있으며, 또한 널 스미스가 고찰하고자 한 '불균등발전'과도 관련된다.

널 스미스에 의하면 자연 및 공간의 생산은 자본주의 논리의 핵심을 이룬다. 그의 불균등발전론은 이러한 자본주의 사회에서 공간환경의 생산에 자본이 어떠한 역할을 하는가를 규명하고 체계화한 것이라고 할 수 있다. 그에 의하면, 자본주의는 두 가지 상반된 경향을 내재하고 있는데, 바로 생산의 수준과 조건을 균등화equalization하고자 하는 경향과 생산의 수준과 조건을 차별화differentiation하고자 하는 경향이다. 즉, 자본은 잉여가치를 생산하고 자본 자체의 기반을 확장하기 위해서 상대적으로 이윤이 높은 장소에 투자를 하지만, 자본들 간 경쟁으로 이윤율이 저하되고 균등화되면 자본은 기존 장소로부터 철수해서 더 높은 이윤을 얻을 수 있는 다른 장소로 이동한다는 것이다.

이와 같은 불균등발전의 시소이론see-saw theory은 자본이 어떻게 여러 장소에서 투자와 철수의 순환을 되풀이하면서 사회공간적 불평등과 사람들 간의 긴장과 갈등을 만들어내는지를 설명하고자 한다. 이러한 점에서 지리적 불균등발전은 자본주의적 공간 생산의 근원이자, 자본주의적 공간 생산의 근원이기도 하다. 특히 이러한 불균등 공간 생산은 도시적·국민국가적·세계적 차원에서 진행된다. 자연의 생산 및 '공간적 규모'의 개념은 사실 1990년대 중반 이후에 들어와서 많은 관심과 논의의 주제가 되고 있지만, 닐 스미스는 이미 1980년대 초에 불균등발전론과 더불어 이러한 개념을 제시하며 이론화 작업을 시도했다는 점에서, 그의 선구적인 이론 작업은 자본주의의 지리 이론을 열어가는 주요한 길을 개척했다고 할 수 있다.

도시 재활성화 이론

닐 스미스는 1970년대 말에서 1980년대 초까지의 박사과정 연구에서 불균등발전 이론의 구체적 사례로서 도시 재활성화gentrification에 관심을 가지고, 미국의 뉴욕과 필라델피아를 포함한 서구 대도시들에 대한 이론적·경험적 연구를 수행했으며, 이와 관련된 연구 결과로서 다수의 탁월한 논문과 편집서 및 단행본(Smith, 1996)을 출간했다. 그에 의하면, 재활성화는 새로운 중간계급의 도시 생활을 위해 내부도시를 재개발하는 것 이상의 의미를 가진다. 즉, 도시 재활성화는 자본이 건조 환경의 개발을 통해 이윤을 획득하기 위한 새로운 투자처로서 추진되며, 이로 인해 불균등발전이 심화되는 한편, 사회적 긴장, 철거, 노숙 등이 발생하는 과정으로 이해된다.

이러한 도시 재활성화를 설명하기 위한 방법과 개념들을 둘러싸고 논쟁이 있었다(변필성, 2003). 닐 스미스와 비슷한 시기에 데이비드 레이David Ley는 재활성화의 기원과 원인을 규명하기 위해 벨과 위르겐 하버마스Jurgen Habermas의 이론을 도입해서 후기산업사회의 경제, 정치, 사회문화라는 세 수준에서의 특성과 관련해 설명하고자 했다. 그러나 닐 스미스는, 레이의 설명이 문화와 소비를 중요한 요소로 보면서 지나치게 정치적 측면을 강조한 반면 공급적 또는 생산적 측면은 간과했다고 비판한다. 즉, 재활성화에서 공급과 관련된 제반 행위자들, 건축가, 개발업자, 토지소유자, 담보대출자, 부동산중개업자, 토지임대인 등의 역할은 엘리트 계층의 개별적 역할보다도 더 중요하며, 나아가 이들의 역할은 이러한 행위자들의 입장을 규정하는 토지와 주택시장의 구조적 역할, 그리고 자본축적의 원리와 관련해서 이해되어야 한다고 주장한다.

특히 닐 스미스는 도시 재활성화 현상을 설명하기 위해, 잠재적 지대와 현시가로 평가된 지대 사이의 격차, 즉 지대격차rent-gap라는 개념을 이용한다. 그의 설명에 의하면, 수익률이 낮은 곳에서 높은 곳으로 흐르는 속성을 가진 자본은 도시가 발달하는 과정에서 도시 내부의 자본이 지속적으로 가치 절하되면서 도시 외곽으로 이동하는 '균등화' 과정을 겪지만, 이러한 과정이 어느 정도 진척되면 다시 지대격차가 유발되는 '차별화' 과정이 나타나고, 이에 따라 자본은 지대가 낮은 도시 내부로 역류해 들어와서 재활성화시키는 과정을 추동하게 된다. 이러한 점에서 재활성화란 교외화된 '사람들이 도시로 복귀하는 것이 아니라 자본이 도시로 복귀함'을 의미한다.

지대격차 개념에 근거한 그의 재활성화 이론은 결국 건조 환경에 대한 자본의 투자과정에서 발생하는 균등화(교외 개발)와 차별화(내부도시 쇠퇴)가 도시 공간상에 전개되는 불균등발전을 예시한 것이라고 할 수 있다. 특히 그의 입장에서 보면 이러한 지대격차의 균등화와 차등화는 가치증식, 가치감가와 동시에 진행되며, 이의 구체적 설명은 내부도시 지역과 교외지역 간 불균등발전에 관한 논의를 통해 더 정교해진다. 이러한 과정은 하비가 주장하는 공간적 조정spatial fix 개념과도 관련된다. 즉, 건조 환경에 투입된 자본은 구조적으로 장기간 특정한 형태로 묶여 있기 때문에 이러한 자본투자는 재개발이나 재건축과 같은 새로운 개발에 큰 장애물이 되며, 그 결과 지속적인 가치감가가 발생한다. 한 지역에서의 지속적인 감가는 다른 지역에서의 가치증식을 위한 조건을 만들어내며, 이 과정에서 도시 공간에 걸친 발전의 불균등성이 반영된다. 이러한 재활성화는 초기단계에는 도심에 한정되는 경향이 있지만, 근린 지역의 퇴락 수준, 즉 지대격차에 따라 도심 이외의 덜 노후화된 상업 및 주거지역에서도 발생할 수 있다.

이러한 닐 스미스의 주장은 재활성화가 발생하는 이유를 설명하는 유의미한 이론적 기반을 제공하지만, 재활성화를 추진하는 주체와 그 성격에 대해서는 제대로 설명하지 못한다는 지적을 받았다. 이에 따라 그는 소비에 기초한 접근에서 강조되는 주요 요인의 가치를 인정함으로써 재활성화에 관한 통합된 설명을 제시하고자 했다. 물론 그의 입장에서 개발 행위자들의 행태적 요인은 부차적인 것으로 기각되며, 재활성화의 원인을 밝히기 위한 통합적 설명 요인으로, ① 교외화와 지대격차의 등장, ② 선진자본주의 경제의 탈산업화와 백인 고용의 성장, ③ 자본의 공간적 집중과 동시적인 탈집중화, ④ 이윤율 하락과 자본의 순환 운동, ⑤ 인구적 변천과 소비유형의 변화 등을 제시한다. 그러나 닐 스미스는 탈산업화와 이로 인한 도심으로의 백인 전문직 활동의 집중 및 인구적 변천과 도시 생활양식의 변화 등도 중요하지만, 이를 재활성화의 원인이라기보다는 특정 행태를 설명하는 부차적 요인으로 간주한다.

요컨대 닐 스미스에 따르면, 도시 재활성화는 도시 지역의 건조 환경 개발을 둘러싸고 지대격차의 균등화와 차별화 과정을 통해 전개되는 자본순환 및 이에 따른 불균등발전과 관련된다. 따라서 도시 재활성화는 도시 내 계급 관계를 반영하고 이를 둘러싼 계급갈등을 유발한다. 즉, 닐 스미스는 이러한 재활성화 과정에서 백인 중상위 계급이 과거 이 지역에 거주했던 많은 이민 집단과 노숙자 및 빈민이 '도시를 훔쳐갔다'고 주장하면서 이들로부터 도시를 '보복적으로 탈환'해야 한다고 주장한다는 점에서 '리벤치스트 도시revanchist city'라고 부르고자 한다. 그의 연구에 의하면, 이러한 현상은 뉴욕 맨해튼(특히 맨해튼의 로어 이스트 사이드 지역과 할렘 지역), 그리고 미국과 유럽의 여러 대도시에서 나타나고 있다.

세계화와 아메리카 제국론

닐 스미스의 불균등발전 이론은 이와 같이 도시적 차원에서 미시적으로 나타나는 지대격차의 균등화와 차별화 과정을 통해 정교하게 다듬어지는 한편, 세계적 차원에서 '세계화'와 '아메리카 제국'에 관한 연구를 통해서 거시적 차원에서도 더 세련화된다. 또한 그에 의하면, 세계화 및 '아메리카 제국화' 역시 지리적 프로젝트이며, 따라서 그는 새로운 상황의 변화에 적절한 자본주의의 지리 이론이 필요함으로 강조한다. 즉, "1970년대 이후, 전후 비교적 안정되었던 자본주의의 지리학은 쓸모없는 상태가 되었고, 수많은 퍼즐 조각처럼 못쓰게 되었다. 국지적 차원에서 범지구적 규모에 이르기까지 세계의 지리적 질서에 관한 우리의 가정 모두 또는 대부분은 이제 진부해졌으며, 우리는 새로운 상황에 걸맞은 이론과 정치적 조직을 함께 재창출해야만 하는 시기에 도달했다"라고 주장한다(스미스, 1999: 37). 물론 여기서 닐 스미스의 주장은 1970년대 이후 기존의 자본주의가 완전히 전환했음을 의미하는 것이 아니라, 새로운 작동방식과 영토적 팽창양식을 도입하게 되었음을 의미한다.

그의 주장에 따르면, 세계화란 언어 그 자체가 표현하고 있을 뿐 아니라 실제 메커니즘이 작동하는 바와 같이 치밀한 지리적 프로젝트이다. 즉, 세계경제의 전례 없는 유동성은 엄청난 비용, 즉 생산과 유통 시설의 하부구조에서 엄청난 양의 부동적 자본의 필연적 고착을 초래한다. 경제적·세계적 유연성의 가능성을 조정하기 위해 최근 세계 도처에서 대도시들의 건조 환경이 대규모로 재편되면서, 전체적으로 새롭게 불균등발전의 지리가 구축되고 있다. 이러한 점에서 닐 스미스는 세계화란 국지적 도시나 지역의 공간적 재편 과정을 통해 추동되며, 따라서 지구적 불균등발전 정치경제의 중심축에 지리가 위치해 있다고 주장한다. 세계화란 처음부터 자본의 프로젝트로 시작했지만, 이러한 지리적 과정을 통해 자본이 작동하는 방식을 변화시키고 있다.

세계화란 자본의 속성에서 패러다임의 이행을 나타내며 또한 이보다 훨씬 더 큰 어떤 과정의 팽창, 즉 아메리카 제국의 발달과 관련된다. 닐 스미스의 최근 저서 『아메리카 제국』은 이러한 세계화 과정과 관련된 미국의 정치경제적 팽창 과정을 아이자이어 보먼Isaiah Bowman 이라는 한 저명한 지리학자의 전기를 빌려 치밀하게 분석하고 있다. 보먼은 지리학자이며 탐험가였고, 또한 존스홉킨스대학교의 총장(1935~1948년)을 지냈다. 또한 그는 당시 미국의 우드로 윌슨Woodrow Wilson 대통령과 프랭클린 루즈벨트Franklin D. Roosevelt 대통령의 자문을 담당했으며, 유엔(UN)의 창안자이기도 했다. 닐 스미스는 다초점 렌즈를 보먼에게 맞추어 그의 주장에 함의된 지리학적 개념과 세계관이 아메리카 제국화에 어떻게 반영되었는가를 살펴보고 있다. 따라서 저자가 존스홉킨스대학원 연구 과정에서부터 20년 넘게 관심을 가지고 자료를 수집·정리·분석한 결과를 서술하고 있는 『아메리카 제국』은 단순히 보먼의 전기가 아니라 아메리카 제국의 팽창에 관한 역사지리학이라고 할 수 있다.

닐 스미스의 연구에 의하면 흔히 '미국의 세기'라고 불리는 20세기에 미국 제국의 팽창은 세 단계로 구분된다. 첫째 단계는 영국, 스페인, 프랑스, 여타 유럽 국가들이 새로운 식민지 영토를 개척하고자 했던 시기의 제국주의를 말하며, 시기적으로는 1898년에 시작해서 1919년에 종료된다. 이 시기의 팽창주의를 뒷받침했던 지경제학적·지정치학적 제국주의의 형태는 결코 우발적인 과정이 아니라 자본의 팽창 및 축적과 직접 관련된 불균등발전의 체계적 과정으로 이해된다. 둘째 단계는 양 세계대전 사이로, 이 기간은 흔히 위축과 고립의 시기로 특징지어지지만 닐 스미스는 이 시기를 20세기 세계화의 첫 번째 파고로 이해한다. 이 시기는 국민국가의 정치경제적 조직과 관련된 새로운 제도적 질서 및 지리적 재편과정의 등장으로 1945년에 끝을 맺는다. 셋째 단계는 1945년 제2차 세계대전의 종료와 함께 시작되어 현재에 그 형태가 정점에 달한 것으로 추정된다.

닐 스미스는 보먼이 각 시기에 어떠한 지리적 언어로 어떠한 정치적·경제적 상황에 대처하고자 했는가를 분석하고 있다. 그의 분석에 의하면, 보먼은 이미 제국적 전망을 가지고 있었다. 물론 보먼의 제국 전망은 과거의 제한적이고 폐쇄적인 식민지 지배와 관련된 고전적 제국주의가 아니라 아메리카적 생활공간Lebensraum이 지배하는 세계를 창출하는 제국이었다. 즉, 보먼은 직접적으로 미국의 지배하에 있지 않으면서 미국의 무역, 투자 그리고 권력에 열려 있는 세계, 닐의 분석에 의하면 오늘날 세계화에 기초한 미국 제국과 같은 형태를 상상했다. 특히 모든 권력이 항상 공간성을 표현하는 것처럼, 이러한 미국의 세기에 아메리카 제국은 공간적으로 구성된다. 그러나 이러한 공간성을 시간성으로 대체한 '미국의 세기' 개념과 이에 기초한 아메리카 제국은 훨씬 더 유연한 관련적 세계 권력의 기하학으로 표현된다.

그러나 닐 스미스에 의하면 이러한 미국의 세기를 배경으로 한 세계화는 점차 종반에 들어서고 있다. 그의 가장 최근 저서 『세계화의 종반』은 이러한 상황을 서술하고 있다. 여기서 그는, 미국의 이라크 침략은 세계화에 관한 미국의 전망을 투사하고자 하는 미국의 오랜 노력이 종반에 달했음을 드러내는 것으로 이해한다. 이 전쟁은 분명 후세인정권을 종식시켰지만, 동시에 반사적인 힘의 폭풍으로 미국의 세계화 프로젝트도 끝나게 되었다. 닐 스미스는 지난 20세기에 세 단계에 걸쳐 이러한 세계화 과정이 전개되어온 과정을 서술하면서, 궁극적으로 서로 모순되는 두 가지 힘, 즉 한편으로는 신자유주의적 교리와 다른 한편으로는 민족주의에 근거한 미국의 일방주의적 세계 지배 전략이 대재난적 전쟁을 초래했다고 주장한다.

시사점과 평가

불균등발전에 관한 이론과 이를 국지적 차원뿐만 아니라 세계적 차원에서 더 정교하고 세련된 설명으로 확장시키려는 닐 스미스의 연구는 기본적으로 정치경제학 또는 지리-역사유물론에 기초한 '자본주의 지리이론'이라고 할 수 있다. 사실 그는 이 분야의 세계적 학자 하비의 제자이자 또한 동학자로서 세계적인 명성 — 때로 그의 명성이 과장되었다는 평을 받기도 하지만 — 을 얻었다. 그는 하비와 마찬가지로 포스트모던 및 포스트구조주의적 이론이나 개념의 수사학적 과정을 비판하고, 마르크스주의 전통에 뿌리를 두고 사회공간적 불균등과 부정의에 대항하는 이론과 실천을 강조했다.

그의 초기 저작 『불균등발전』에서 제시되는 여러 독창적 사고는 최근에도 여전히 또는 더욱더 중요한 개념으로 인정되고 있다. 그에 의하면, 공간환경의 생산은 기본적으로 사회공간적 관계의 역동성에 의한 역사-지리적 과정일 뿐만 아니라 자본주의적 공간 생산의 통합적 일부로 이해된다. 또한 오늘날 지리적 불균등발전과 공간적 불균등성은 자본주의의 불가피한 속성으로 간주된다. 즉, 자본주의의 갈등적이고 이질적이며 차별적인 사회공간적 역동성은 균등화와 차등화 과정을 동시에 추동하며, 쉼없는 사회환경적 전환의 불균등과정을 만들어내고 있다. 이러한 불균등발전 이론 및 관련 개념들이 한국적 상황에서 어떻게 적용될 것인가라는 문제는 더 구체적이고 경험적인 주제를 통해 고찰될 수 있지만, 닐 스미스가 제시한 사고는 그 자체로서 한국적 상황을 이해하는 이론적·개념적 배경이 될 수 있다.

닐 스미스의 재활성화 이론은 지대격차의 개념에 바탕을 두고 자본(건설 및 부동산 자본)이 어떻게 도시 내부로 되돌아오는가를 밝히고자 한다는 점에서 의의를 가진다. 불균등발전 이론을 예시하고 있는 재활성화 이론은 오늘날 미국이나 유럽의 대도시들뿐 아니라 멕시코시티나 도쿄 같은 대도시들에서 나타나는 사례의 연구에도 유의미한 것으로 확인되고 있다.

이러한 점에서 그의 도시 재활성화 이론은 이와 관련된 현상들을 간결·명료하면서도 종합적으로 서술할 수 있는 이론 체계로서 이에 관한 문헌적 공백을 메울 수 있을 뿐만 아니라 한국 상황에도 적용될 수 있는 가능성을 가진다. 한국의 대도시화 과정은 매우 급속하게 진행되었고 이에 따라 내부도시의 재활성화와 도시 외곽의 신도시화 과정이 동시에 진행되고 있지만, 최근 지방의 대도시에서는 교외화 현상이 진행되면서 다른 한편으로 도심 퇴락이 나타나고 있다. 따라서 근교에서 도심으로의 통근이나 상품 구매를 위한 접근의 어려움과 이로 인한 기회비용이 아직 그렇게 크지는 않지만, 조만간 무계획적인 도시 근교의 개발로 교통 혼잡과 환경오염에 따른 사회적 비용이 급증하고, 생산자 서비스업이나 공공기관의 지방 이전으로 도시중추기능이 되살아날 경우 내부도시의 재활성화가 나타날 것으로 예상해볼 수 있다.

다른 한편 세계화와 아메리카 제국에 관한 그의 연구는 하비의 『신제국주의』와 긴밀한 관계를 가지고 있으며, 하트와 네그리의 『제국』에 비견할 정도로 중요한 업적으로 평가되고 있다. 이 연구는 앞으로 세계의 정치와 경제가 공간적으로 어떠한 과정을 통해 전개 또는 전환해갈 것인가에 대한 통찰을 제공하는 것으로 평가받는다. 즉, '미국의 세기와 관련된 지리'에 관한 그의 연구는 20세기 세계적 경제발전이 특징적으로 미국의 힘과 이에 대한 반응을 표현하는 언어와 방법을 이해할 수 있도록 한다. 그에 의하면, 1989년 시작되어 21세기 초 테러리즘과 전쟁으로 위기가 고조된 현재 시기는 역사나 지리의 종말도 아니고 새로운 세계질서의 안내도 아니며, 앞선 두 시기의 시작과 조정 속에서 이루어진 세계화의 강력한 형태로 이해된다.

닐 스미스는 『불균등발전』의 출판을 통해 30대에 이미 저명한 지리학자가 되었을 뿐 아니라, 『새로운 도시 전선』의 출판을 통해 '재활성화 이론의 대부'로 칭해지기도 했고, 『아메리카 제국』의 출판을 통해 '현 세대 최고best of generation'라는 평가를 받기도 했다. 그러나 그의 연구 업적은 양적으로는 그렇게 많지 않으며, 연구의 범위는 국지적 '도시'에서 거시적 '제국'에 이르기까지 넓었지만 세부적인 연구 주제는 그렇게 포괄적이지 않았다. 또한 그의 불균등발전 이론은 간결하고 명료하다는 장점을 가지지만, 동시에 더 종합적인 이론 체계로 발전하지는 못한 것으로 평가되기도 한다. 닐 스미스는 60세가 채 되지 않은 나이에 세상을 떠났지만 그의 연구 업적은 그를 지리학의 가장 중심부에 위치 지우기에 충분했다. 또한 그의 논쟁적 주장은 앞으로도 지리학 분야의 후학들에게 새로운 지평을 열어줄 것이다.

2005.9.20.

제 10 장

세계화 속 국토 및 도시 관련 서평

1 세계화의 현실과 이데올로기

2 자유무역의 세계화에서 탈세계화의 공정무역으로

3 도시는 누구의 것인가?

10-1

세계화의 현실과 이데올로기

서평

- 『고삐 풀린 자본주의: 1980년 이후』. 2008. 앤드류 글린 지음. 김수행 · 정상준 옮김. 필맥.
- 『세계화의 가면을 벗겨라: 21세기 제국주의』. 2008. 제임스 페트라스 · 헨리 벨트마이어 지음. 원영수 옮김. 메이데이.
- 『닥쳐라, 세계화!: 반세계화, 저항과 연대의 기록』. 2008. 엄기호 지음. 당대.

세계화란 무엇인가?

지난 10여 년간 세계화라는 용어는 학술적 연구나 거시적 정책에서뿐만 아니라 일상생활의 담론에서 가장 핵심적인 용어 가운데 하나였다. 이 때문에 이제 세계화에 관한 연구 문헌이나 관련 주장이 마치 진부한 것처럼 느껴지기도 한다. 그러나 우리는 아직 세계화가 정확히 무엇을 의미하는지, 그리고 이를 어떻게 벗어날 것인지 알지 못한 채 세계화 과정 속에서 살아가고 있다. 따라서 세계화라는 용어가 무엇을 의미하는가, 그리고 이러한 세계화 과정이 현실의 정치경제적 구조 속에서 어떻게 진행되어 왔는가, 세계화 과정 속에서 주변부나 경계에 있는 민중의 삶과 권리가 어떻게 억압되고 있는가에 대한 연구와 논의가 여전히 절실히 필요하다고 하겠다.

예비적으로 우리는 세계화를 "하나로 통합된 자본주의 세계시장에서 무역, 자본, 기술과 정보의 국제적 흐름이 확대·심화되는 경향"을 가리키는 것으로 이해할 수 있다. 또한 "세계화는 자본주의 발전 동학에 의해 산출되는 복합적 변화만이 아니라, 이 발전과 연계된 가치와 문화적 관행의 확산"을 가리킨다고 할 수 있다. 즉, 세계화란 구조적으로 "전 지구적 자본주의 생산양식에 기반을 둔 운영체제 구조들 내에 각인된 일련의 상호 연관된 과정"이며 또한 동시에 초국적 자본가계급이 "의식적으로 추구하는 전략의 결과", 즉 그들의 "정치적 프로젝트"라고 할 수 있다(『세계화의 가면을 벗겨라』, 29~30쪽). 또한 세계화가 구조적 과정이든 의지적 프로젝트든 간에, 그 결과는 주변부 민중의 삶에 지대한 영향을 미친다는 점에서 초국적 하위계급의 반세계화 의식 및 저항과 관련된다.

세계화의 개념 속에 내재된 이러한 세 가지 측면, 즉 첫째, 1980년대 이후 전 지구적으로 전개되고 있는 자본주의의 새로운 축적 및 노동통제 방식, 둘째, 이러한 자본주의의 새로운 전개과정을 정당화시키기 위한 이데올로기, 셋째, 이로 인한 민중들의 억압된 삶과 저항은 세계화란 무엇인가를 이해하는 데 매우 중요한 주제이다. 그동안 세계화에 관한 많은 연구가 있었고 관련 문헌들이 누적되고 있지만, 실제 이러한 세 가지 측면을 하나의 틀 속에서 체계적이고 적실하게 연구한 문헌은 찾아보기 어렵다. 따라서 각각 분리된 문헌에서 이러한 세 가지 측면이 어떻게 분석 또는 이해되고 있는가를 서로 관련시켜 고찰해볼 필요가 있다.

이러한 관점에서, 우리는 다음 세 권의 책, 즉 『고삐 풀린 자본주의: 1980년 이후』, 『세계화의 가면을 벗겨라: 21세기 제국주의』, 그리고 『닥쳐라, 세계화!: 반세계화, 저항과 연대의 기록』을 읽어볼 수 있다. 이들은 각각 세계화를 1980년대 이후 고삐 풀린 자본주의의 구조적 특성, 현 단계 제국주의의 이데올로기, 그리고 민중의 삶과 권리를 억압하고 반세계화 저항을 초래하는 배경으로 이해한다. 이러한 세 가지 측면이 통합된 분석틀이나 관점에 근거한 단일 저서 속에서 서술되지 못했다는 점이 아쉽긴 하지만, 이들을 서로 관련해 비교하거나 보완적으로 읽는다면 이 책들은 세계화의 내부를 들여다볼 수 있는 세 개의 창이 될 것이다.

세계화, 1980년대 이후 자본주의의 구조적 특성

세계화란 우선 1970년대 경제위기에 빠졌던 자본주의 경제가 이후 회복되는 과정의 구조적 특성들로 이해될 수 있다. 옥스퍼드대학교 교수인 앤드류 글린Andrew Glyn이 저술하고 한국의 대표적인 정치경제학자인 김수행 교수와 정상준 박사가 번역한 『고삐 풀린 자본주의』는 바로 이러한 관점에서 세계화를 분석한 책이다. 서구 선진자본주의 국가들은 제2차 세계대전 이후 포드주의적 축적체제하에서 안정된 경제성장을 이룰 수 있었지만, 경기호황을 통해 협상력을 강화시킨 노조는 자본에 도전하며 임금 상승을 요구하게 되었다. 이로 인해 1960년대 국민소득에서 노동계급의 몫은 크게 증가한 반면 자본은 심각한 이윤 저하의 압박을 받았다.

이러한 상황에서 경제침체를 맞게 된 자본은 노동에 대한 대대적인 공세를 취했다. 그 결과 노동운동은 크게 약화되었고 거시경제는 안정되었으며, 새로운 자유시장주의 사상이 지배하게 되었다. 서구 경제가 봉착했던 1970년대 경제침체 상황과 비교해보면, 1980년대 이후 선진자본주의는 점차 "완만한 인플레이션, 평온해진 노사관계, 아무런 제약 없이 이윤을 좇을 수 있는 자본의 자유, 그리고 시장에 기반을 둔 정책의 지배"를 향유할 수 있게 되었다(5쪽).

글린에 의하면, 이러한 자본주의 힘과 안정이 회복되는 데 결정적으로 기여한 핵심적인 요소는 긴축재정과 민영화, 탈규제 등 정부 정책의 극적인 전환(2장), 그리고 금융 부문의 급증과 주주 이익에 의한 기업의 운영 지배(3장)와 관련된다고 주장한다. 낮은 인플레이션과 재정적자 제한을 위해 시행된 긴축통화정책은 민영화에 의한 시장 확대와 제품시장에 대한 탈규제 정책을 동반했다. 그리고 주식시가총액, 파생금융상품 거래, 소비자 신용, 국제적 금융 흐름 급증 등은 금융시장의 급팽창과 더불어 생산성의 증대에 영향을 미치게 되었다.

또한 좁은 의미에서 세계화 과정(즉, 국제적 경제통합)은 부유한 선진국 가운데 미국의 위상을 강화시키고, 중국의 괄목할 만한 성장을 가능하게 했다(4장). 그 외에도 기존의 제품 무역, 해외 직접투자 그리고 새로운 국제 이주의 급증이 국제적 경제통합을 촉진했다. 1980년대 이후 이러한 자본 축적 과정은 자본가의 반反노동전략을 통한 실업률의 상승에서 나타나는 것처럼 노동자 계급의 지위를 약화시켰다(5장).

그러나 여기서 어떤 의문이 제기된다. 1980년대 이후 서구 선진국에서 전개된 긴축적 거시경제정책으로의 전환, 민영화와 규제 완화 및 주주가치 추구를 야기하는 시장제도, 이윤극대화에 대한 새로운 강조, 주요 경제 분야에서의 국제경쟁 격화 등은 과연 선진국의 경제적 역동성을 회복시켰는가? 글린에 의하면, 미국은 일본이나 유럽에 비해 정보통신기술을 중심으로 빠른 신경제성장을 달성한 것처럼 보이지만, 실제 미국에서 증가한 생산성의 대부분은 국내 소비의 활황에 기인한 것으로 추정된다. 그뿐만 아니라 이러한 소비의 구매력을 뒷받침하기 위해 국제수지는 거시적으로 적자임에도 해외로부터 막대한 자금이 유입되고 있다. 반면 일본은 1980년대 중반 이후 금융자유화로 인한 자산가격의 거품화와 이의 붕괴에 따라 장기불황의 늪에 빠져 있고, 또한 유럽 경제는 독일 통일과 EU 통합의 영향으로 타격을 받은 후 낮은 성장률을 벗어나지 못하고 있다.

따라서 세계화에 따른 실제 경제성장률은 세계 전체적으로 볼 때 점차 저하되고 있다. 즉, "시장을 고삐에서 풀어주어 자유롭게 만들면 급속한 경제성장이 회복되리라고 믿은 사람들은 1990년 이후 1인당 생산의 증가율이 격동의 시기였던 1973~1979년에 비해(그 이전 황금시대에 비해서는 말할 것도 없고) 더 낮아졌다는 사실에 크게 실망할 것이 틀림없다"라고 주장한다(232쪽). 그뿐 아니라 앞으로의 세계경제의 전망은 매우 불안정하다. 급속한 경제성장과 이로 인해 엄청난 에너지와 원자재를 소모하고 있는 "중국 하나만 해도 세계경제에 불안정을 낳는 중요한 원천이 될 수 있다"(237쪽).

1980년대 이후 선진국을 중심으로 한 이러한 자본주의 경제발전 과정에 관한 글린의 연구는 나름대로 세계화의 주요 요소를 설정하고, 이 요소들이 세계화를 주도하거나 이에 미친 영향을 면밀하게 검토하고 있다. 특히 그는 이 책에서 다양한 통계자료를 제시하면서, 1980년대 이후 자본주의의 구조적 특성들을 설명하고자 노력했다는 점에서 의미가 있다고 하겠다. 또한 이 책은 1980년대 이후 '신자유주의'적 자본주의의 "역사를 짧게 서술하고, 기업들을 자유롭게 고삐에서 풀어놓은 결과 경제성장과 안정, 그리고 평등에 어떤 변화가 일어났는지를 분석"하고자 한다는(5쪽) 점에서 하비의 『신자유주의: 간략한 역사』와 목적이 비슷하며, 실제 내용에서도 많은 부분이 유사하다는 점에서 비교하면서 읽어볼 수 있다.

그러나 몇 가지 난점 또는 한계로 지적될 수 있는 사항들도 있는데, 첫째, 글린의 연구는 이론적 체계를 갖추고 1980년대 이후 자본주의의 발전 과정을 고찰하기보다는 통계자료에 의존해서 대체로 일반적인 내용을 서술하는 차원에 머물러 있다. 하비가 주장한 것처럼 '탈취에 의한 축적'과 같은 새로운 개념을 제안하거나 자본축적 과정에서 금융자본이나 과학기술의 역할을 부각시켰다면, 신자유주의적 자본축적 과정과 이의 한계를 좀 더 설득력 있게 설명할 수 있었을 것이다.

둘째, 1980년대 이후 세계적 규모로 자본주의가 발전함에 따라 초래된 개발도상국과 선진국 간의 (불균등발전)관계를 정확히 서술하지 못하고 있다. 예를 들어, "저임금에 기반을 둔 개발도상국 생산자들의 제조업 생산역량이 팽창한 결과 선진국의 전통적 산업들은 경쟁력을 침해받았지만, 여타 부문의 노동자들은 생활수준을 올릴 수 있게 되었다"라는 주장을 하고 있지만, 이들 간의 관계가 불분명하다.

셋째, 글린은 이러한 자본주의 경제의 팽창에 대한 대안적 방안으로 '기본소득계획'을 강조한다. 즉, "기본소득을 도입한다는 것은 복지국가의 요소들을 매우 가치 있는 평등화의 방향으로 개조한다는 의미를 내포한다”(276쪽). 물론 기본소득계획이 가지는 몇 가지 한계(기본소득의 현실화가 가능한가)를 글린 스스로 인지하고 있었다고 할지라도 기본소득계획이 인간의 해방을 위한 새로운 세계의 대안이 될 수 있는가는 불확실하다.

끝으로, 이 책에서는 이러한 경제적 발전 과정에서 국가의 신자유주의적 정책이나 자본의 금융시장 통합과 시장의존적 경제로의 복귀와 관련된 이데올로기의 분석이 미흡하다. 신자유주의란 실제 전개되고 있는 자본주의의 작동 메커니즘이며, 또한 동시에 이에 따른 경제성장률 저하로 나타난 분배의 불평등 심화(양극화)를 은폐하기 위한 이데올로기라고 할 수 있다.

세계화, 현단계 제국주의의 이데올로기

『세계화의 가면을 벗겨라: 21세기 제국주의』에서 제임스 페트라스 James Petras와 헨리 벨트마이어Henry Veltmeyer는 ‘세계화’ 테제를 최근 세계 자본주의의 정치경제적 과정을 정당화시키는 이데올로기로 비판한다. 이들에 의하면, 1980년대 이후 자본주의의 세계적 발전 과정은 이른바 ‘세계화’라고 지칭되지만 이렇게 지칭하는 것은 “상상력을 무장 해제하고 대안적 체제, 즉 보다 정의로운 또 다른 사회경제적 질서를 바라는 사고와 행동을 저지하면서 세계화가 불가피하다는 분위기”(4쪽)를 만들어내기 위한 것이라고 비판한다. 즉, 세계화는 현재 상황을 은폐하기 위한 이데올로기라고 주장하면서 세계화라는 용어 대신 제국주의라는 개념이나 이론으로 설명해야 한다고 강조한다. 저자들은 “제국주의라는 개념에 의해 아주 잘

기술되고 설명되는 현상이 진정으로 전 지구적으로 구현되는 바로 그 시점에, 현상을 이해하고 정치적으로 실천을 지시하는 도구로서의 이 개념이 폐지되었다는 것은 아이러니이다"(5쪽)라고 말한다.

이러한 점에서 페트라스와 벨트마이어는 우선 세계화라는 이데올로기를 통해 초국적 자본가계급이 경제적 이해관계를 어떻게 은폐하고자 하는가를 폭로하고자 한다. 이들은 『고삐 풀린 자본주의』에서 글린이 제시한 바와 같이 1980년대 이후 세계 자본주의가 역동적으로 변화하고 있음을 지적한다. 이러한 변화의 결과로, 세계화론자들이 주장하는 것처럼 전 세계적 불평등이 감소하고 민주적 제도가 확산된 것이 아니라, 불평등은 증가하고 노동에 대한 억압은 강화되었다는 제국주의 테제의 지지자들에게 공감하게 된다(1장).

그뿐만 아니라 세계화론자들은 세계화가 불가피하고 새로운 발전이며 다른 대안이 없다고 주장하지만, 실제 세계화는 사회적 불평등과 국가자원의 민영화를 정당화하는 이데올로기로 이용되고 있다(66쪽). 더욱이 세계화 개념은 이데올로기이기 때문에 분석적으로 매우 취약한 반면, 제국주의 개념은 주체의 구체화, 계급적 불평등의 이해, 자본 흐름의 방향성 등을 설명하는 데 매우 유의미하다고 주장한다(2장).

페트라스와 벨트마이어에 의하면, 결국 세계화라는 용어는 이데올로기 또는 신화이며, 실제 1980년대 이후 나타나는 제반 현상들, 즉 국경을 초월한 '전지구적 기업'의 세계, 미국 기업의 지배와 이들에 의한 '신흥 시장'의 합병, 경쟁력 강화가 아니라 이윤 추구를 위한 자본의 국제화, 그리고 새로운 제국적 질서의 등장이 이루어지고 있다. 이러한 현상은 세계화가 아니라 제국주의 테제로 더 잘 설명될 수 있다(3장).

특히 이러한 '자본주의의 최고, 최후의 단계로서의 제국주의'는 라틴아메리카에서 가장 잘 드러난다. 이 지역에 나타나는 새로운 제국주의적 질서는 선진국 외채에 대한 막대한 이자의 장기 지불, 직접투자와 포트폴리오 투자로 얻은 이윤의 대량 이전, 저임금 착취 공장과 에너지 자원 및 값싼 노동에 의존하는 산업에 대한 직접 투자, 유동성 위기에 처한 국영기업의 헐값 인수 합병, 생산물 특허와 로열티 지급에서 오는 사용료 누적, 그리고 미국계 기업과 은행의 지배에 기반을 둔 유리한 외환계정 수지 등에서 찾아볼 수 있다. 이러한 상황 때문에 라틴아메리카는 만성적 경제침체에 빠져 있고, 계급적 갈등이 촉발되고 있다(4장). 라틴아메리카에서 미 제국은 심지어 마약 자본주의를 위한 신식민지를 개척하고(9장), 미국의 헤게모니에 봉사하는 우익의 전략이 마치 '민주적 규칙'에 따라 행동하는 것처럼 보이도록 한다(10장).

이러한 제국주의적 발전을 위해 "전 지구적 자본을 위한 최적의 조건을 창출하도록 설계된 신자유주의적 구조 개혁 프로그램의 핵심요소"로써 '민영화'가 촉진되고 있다(5장). 반면, 정치적 차원에서는 신자유주의적 자본주의와 제국주의 프로젝트를 위해 자유화와 민주화가 강조되고 있다(6장). 또한 정부의 탈집중화에 기초한 지역사회 중심의 더 공평한 형태의 참여적 발전, 시민사회의 강화, 비정부기구의 활동 등이 부각되고 있다(7장, 8장). 그러나 이러한 국가 정치의 민주화에 대한 강조 또는 지역사회 중심의 '참여적 발전'의 이면에는 숨겨진 의제가 있다. 즉, 페트라스와 벨트마이어는 정부와 대안적 참여 발전론자만이 아니라 사회적 좌파에 의해서도 강조되는 비정부기구의 역할이 결국 제국주의의 지역적 표출이라고 비판한다. 이들은 비정부기구란 "세계은행의 '발전을 위한 협력'과 파트너십 전략을 반영하며, 따라서 제국주의의 지역적 얼굴을 드러낸다"라고 주장한다. 반면 이들은 마지막 장에서 세계화 프로젝트와 미국-유럽 자본가들의 제국주의적 구도에 대한 사회주의적 전망을 제시한다. 제국주의 시대에 사회주의 프로젝트를 위해 요구되는 객관적·주체적 조건을 검토한 후 '일국 사회주의' 및 '시장 사회주의' 건설을 모두 부정하면서 '자유로운 사회주의적 협동사회의 출현'을 제시한다.

페트라스와 벨트마이어의 연구는 세계화라는 용어의 이데올로기적 성격을 지적하고, 1980년대 이후 세계 자본주의의 전개과정을 제국주의의 개념으로 설명하고 있다. 그들이 제시한 주요 사례는 라틴아메리카의 경험에 근거를 두고 있으며, 끝으로 자주적 협동사회로의 전환을 강조하고 있다. 이들의 연구에서 최근 자본주의 발전에 관한 분석은 글린의 『고삐 풀린 자본주의』와 비교될 수 있으며, 이러한 분석의 기저를 이루는 제국주의 개념은 하비의 『신제국주의』와 비교하면서 읽을 수 있다. 그러나 이들의 연구는 앞선 글린의 연구처럼 이론적 분석틀을 갖추지 못하고 있으며, 또한 제국주의의 정확한 개념이나 이론적 토대를 명시적으로 제시하지 못하고 있다. 따라서 '제국주의'라는 개념을 사용하지 않은 글린의 연구와 큰 차이를 보이지 않는다.

그뿐만 아니라 이들의 설명은 실제 구체적 통계나 경험적 자료의 제시 없이 제국주의의 개념에 지나치게 의존했다고 할 수 있다. 또한 이들의 연구는 현재 진행되고 있는 세계화 또는 제국주의화 과정이 어떤 모순을 안고 있는가에 대해서는 별로 논의하지 않고 있다. 그리고 '자유로운 사회주의적 협동사회'가 어떻게 누구에 의해 출현할 것인가에 대해서도 거의 언급하지 않고 있다. 특히 새로운 사회주의의 등장에 민감할 작업장이나 농장에서 실제 어떤 일이 발생하고 있으며, 또한 어떤 저항이 요구되고 있는가에 대한 서술은 매우 미진하다.

세계화, 억압된 민중과 반세계화 저항

엄기호의 『닥쳐라, 세계화!』는 세계화 과정 속에서 작업장이나 농장에서 실제 어떤 일이 발생하고 있으며, 또한 어떤 저항이 요구되고 있는가를 서술하고 있다. 저자인 엄기호는 "도저히 싸움이 가능하지 않을 것 같은 사람들, 그렇지만 분명히 싸우고 있는 사람들과의 만남을 통해 세상은 여전히 꿈틀거리며 움직이고 있고, 가장 절망적인 곳에서조차 활동은 가능"하다는 점을 역설하고자 한다(8쪽). 이러한 점에서 이 책은 세계화에 의해 억압되고 이에 대항하고자 하는 여러 유형의 사람들, 즉 첫째, 그가 '세계화의 망명자들'이라고 지칭한 청년실업자와 비정규직 노동자, 난민, 이주노동자, 성노동자 등 일련의 주변부 사람들, 둘째, 국가들 사이 경계에 있는 슬럼가의 도시 빈민, 안데스 산맥의 인디오, 필리핀 플랜테이션 농업노동자와 그들을 둘러싼 마오주의 필리핀 공산당, 셋째, 교육권과 건강권(의약품에의 접근권), 그리고 식량주권의 상실로 고통 받는 일반 시민을 다룬다.

엄기호의 서술에 따르면, 신자유주의적 세계화가 가속화되면서, 새로운 노동의 세계가 등장하고 있다. 기존의 산업사회에서 볼 수 있었던 정규직 노동자가 아니라 각종 유형의 비정규적 노동자, "24시간 직업을 구하는 게 내 직업"이 되어버린 청년실업자, 하루짜리 비자가 평생을 좌우하는 버마 출신 태국 난민, 내일 또 누군가의 하인이 되는 마카오의 필리핀 출신 가사노동자, 그리고 "산업은 있지만 노동자는 없는" 성노동자, 이들 모두는 세계화 과정 속에서 안정된 고용과 소득 기회를 가지지 못하는 떠돌이 망명자들이다. 세계화는 이러한 망명자들의 삶 속에 철저히 파고들어서, "안정된 삶"을 "가장 사치스러운 구호"로 만들고, "절대 다수의 사람들의 삶"을 "순간적인 것"으로 만들어버린다(31쪽).

반면 세계화는 무엇이든 집어삼키는 시장의 탐욕자일 뿐 아니라 돈이 되지 않는 곳에서는 국가와 함께 시장을 철수시키는 냉혹함을 드러낸다. 세계도시의 슬럼은 기하급수적으로 늘어나는 반면, 안데스 산맥의 인디오 같은 제3세계 농촌 사람들은 버려져 반쯤은 유랑민, 반쯤은 도적떼가 된다. 국가가 당연히 제공해야 할 치안은 갱단에 맡겨지고 법질서는 사라졌으며 사적 제재가 난무한다. 성모마리아나 마오쩌둥에게 희망을 걸어보지만, 절망이 더 크게 엄습해온다. "신자유주의 세계화는 국가 안에 성채를 쌓고 성채 밖의 사람을 비국민으로 몰아내고 있다. 부르주아 — 성안의 사람들 — 와 성 밖의 사람들로 국민이 양분되고 있는 것이다"(9쪽). 세계화에 의해 억압받거나 배제된 사람은 이들만이 아니다. 일반 시민의 교육권, 건강권, 식량주권 등이 세계화에 의해 공격을 받으면서, 그들은 실질적이고 치명적인 고통을 겪고 있다. 세계화는 "교육이나 의료처럼 시민의 당연한 권리"를 "시민들을 나약하고 게으르게 만드는 치명적인 독"으로 인식하게 만든다. 세계화된 사회 속에서는 시민이 없으며, 시민의 권리 따위는 존재하지 않는다(215쪽).

이와 같이 『닥쳐라, 세계화!』는 세계화 과정 속에서 억압받고 소외되며 고통을 받고 있는 주변부 사람들과 나약한 시민들의 삶이 어떻게 파괴되고 있는지, 아래로부터 어떤 저항이 일어나고 있는지 스케치하고 있다. 이 책에서 생생하게 묘사된 이러한 인민들의 삶의 모습은 활동가 엄기호의 경험에서 나온 것으로 다른 어떤 이론적 문헌들에서는 찾아볼 수 없다. 따라서 앞선 두 권의 책보다 쉽게 읽히면서도 독자들에게 세계화가 무엇인가를 더 절실하게 느낄 수 있도록 한다. 그러나 이 책은 세계화 과정에서 황폐화되고 파편화된 사람들이 고통 속에서도 저항을 하고 있다는 사실을 알 수 있도록 하지만, 이러한 고통이 어떠한 배경에서 주어지는지, 그리고 이들의 저항이 무엇을 지향해야 하는지에 대해서는 답을 해주지 않는다는 점에서 한계를 가진다.

물론 실제 민중의 삶에서 드러나는 세계화의 아픔을 알지 못한 채 글린처럼 자본주의 경제의 팽창에 대한 대안적 방안으로 '기본소득계획'을 강조하거나, 페트라스와 벨트마이어처럼 '자유로운 사회주의적 협동사회'를 제시하는 것은 별 의미가 없을 것이다. 다른 한편 초국가적 부르주아 계급을 형성한 자본가들이, 1980년대 이후 세계 자본주의가 모든 수단을 강구하면서 이윤을 추구하고 노동을 억압했음에도 실제 세계의 생산성은 1970년대 경제침체기보다 더 낮았다는 사실을 알지 못한다면 세계화는 쉽게 타도되지 않을 것이다. 존 케네디John F. Kennedy 대통령의 수사修辭처럼, "개혁을 불가능하게 하는 자들은 혁명을 불가피하게 한다"(『세계화의 가면을 벗겨라』, 167쪽). "닥쳐오는 공황이 극복되고 새로운 번영이 앞으로 오더라도 더욱 심각한 문제들이 여전히 있을 것"이다. 왜냐하면, "현대 자본주의의 목적은 그저 쇼를 계속하는 것뿐"이기 때문이다(『고삐 풀린 자본주의』, 201쪽).

2008.8.27.

10-2
자유무역의 세계화에서 탈세계화의 공정무역으로

서평

- 『**자본의 세계화, 어떻게 헤쳐 나갈까?**』. 2007. 웨인 엘우드 지음. 추선영 옮김. 이후.
- 『**공정한 무역, 가능한 일인가?**』. 2007. 데이비드 랜섬 지음. 장윤정 옮김. 이후.

세계화와 탈세계화에 대한 의문과 해답

한국에서 '세계화'라는 용어는 1990년대 중반 당시 김영삼정부가 창안한 개념과 정책(또는 이데올로기)인 것처럼 홍보되었다. 그러나 곧이어 1997년 말 봉착했던 경제위기와 IMF 구제금융을 통한 회복과정은 이 용어가 결코 우리의 주체적 의지를 담고 있는 개념이 아니라, 세계적 수준에서 외적으로 강제되는 개념임을 확인시켜주었다. 그러나 우리는 아직 세계화가 정확히 무엇을 의미하는가 대해 적절한 해답을 가지고 있지 못하다. 그러한 예로 미국과의 자유무역협상(FTA)을 둘러싼 찬반 논쟁은 세계화에 대한 우리의 이해를 매우 혼란스럽게 했다. 과연, 세계화란 무엇인가? 누구에 의해 추동되고 있는가? 그 한계와 문제점은 무엇인가? 세계화를 탈피하기(즉, 탈세계화) 위한 대안은 무엇인가? 제시된 대안들 가운데 어떤 것이 실제로 가능한가?

여기서 평하고자 하는 두 권의 책, 『자본의 세계화, 어떻게 헤쳐 나갈까?』와 『공정한 무역, 가능한 일인가?』는 이러한 물음에 답하고자 한다. 이 두 권의 책은 도서출판 이후에서 '아주 특별한 상식 NN'이라는 제목으로 낸 시리즈 기획·번역 출판물의 제1권과 제5권이다. 2001년 영국에서 'The No-Nonsense guide'라는 이름으로 처음 출간되기 시작한 시리즈를 국내에서 '이후' 출판사가 번역 출간한 것이다. 이 시리즈는 세계화, 세계적 빈곤, 과학, 기후변화 등과 같이 복잡하면서도 중요한 세계적 쟁점을 쉽게 이해할 수 있도록 '뉴 인터내셔널리스트'가 기획·편집한 것이다.

개별 저서의 저자들은 우리에게 잘 알려져 있지는 않지만 이 분야에서 열성적으로 활동하는 지식인이며, 각 권의 번역자들도 대부분 세계화 과정에 대한 비판적 안목에서 인권과 생태계에 관심을 가지는 젊은 연구자이다. 이 시리즈는 우리 시대의 핵심 주제를 다루면서 날카로운 비평과 세련된 문장들로 구성되었을 뿐만 아니라, 그 분위기를 살리기 위한 진지하고 열성적인 노력에 의해 번역·출간되었다. 이러한 점에서 이 시리즈의 책 모두를 독자들에게 추천하고 싶다. 특히 자본주의적 자유무역에 기초한 세계화에 비판적 안목을 가지고 그 대안으로써 탈세계화를 위한 공정한 무역을 이해하고자 하는 독자들에게 매우 흥미롭고 유용한 통찰을 제공할 것이다. 이러한 점에서 두 권의 내용을 검토하면서 그 유의성을 평가하는 한편, 몇 가지 미흡한 점이나 누락된 점을 지적하고자 한다.

세계화의 전개과정과 그 주체

세계화는 사실 '해묵은 옛이야기'이다. 콜럼버스의 아메리카 대륙 탐험, 그리고 식민지 쟁탈 및 지배와 함께 서구 선진국의 제3세계 인구와 환경에 대한 착취가 시작될 무렵부터 세계화는 진행되었다. 그러나 최근 30여 년 사이 세계경제·정치 체제의 변화와 급속한 정보기술의 발달로 세계화는 새로운 국면을 맞게 되었다. 시공간적 압축은 과거 어느 때보다 급속하게 진행되었고, 상품과 자본, 정보는 초공간적으로 이동할 수 있게 되었으며, 문화의 '퓨전(혼종화)'이 일반화되었다. 이러한 세계화와 이를 추동하는 기술의 발달은 전 지구적인 경제발전과 더불어 평등하고 평화로운 세계를 가져다줄 것이라는 믿음이 팽배하도록 했다.

이러한 (신자유주의적) 믿음은 국가 간 산업 특화와 국제적 자유무역을 정당화하는 데이비드 리카르도David Ricardo의 '비교 우위' 개념과, 분업과 보이지 않은 시장 메커니즘에 의한 국부의 창출을 주장한 애덤 스미스Adam Smith의 '시장의 마법' 개념까지 소급된다. 오늘날 이러한 신자유주의적 믿음은 자유무역과 자유시장을 위한 모든 규제의 철폐를 요구한다. 그러나 이러한(특히 금융자본을 위한) 탈규제로 촉진된 세계경제는 1997년 동아시아 경제위기를 통해 경험한 바와 같이 매우 취약하고 폭발적인 속성을 드러내고 있다.

『자본의 세계화, 어떻게 헤쳐 나갈까?』는 이러한 세계화를 추동하는 주체들로 '브레턴우즈 3인방', 즉 국제통화기금(IMF), 세계은행 또는 국제부흥개발은행(IBRD), 그리고 관세와 무역에 관한 일반협정(GATT)과 세계무역기구(WTO)를 설정하고(2장), 자본의 세계화 과정을 '기업'의 차원에서 설명한다(4장). 제2차 세계대전 와중에 개최된 브레턴우즈 회의 이후 영향력을 키워온 이 세 개 기관에 의한 전 지구적 경제 조정은 남반구(즉, 제3세계) 국가들을 산더미 같은 부채의 늪에 빠뜨리고 이를 빌미로 자신들의 (신자유주의적) 입장에서 구조조정을 요구하면서 이 국가들의 빈곤과 환경파괴를 심화시켰다(3장).

또한 거대화된 다국적기업은 다자간 투자협정 등을 통해 어떤 국가보다도 더 많은 권력을 휘두르면서, 기업합병, 민영화, 직접투자, 그리고 금융자본의 투기적 투자 등으로 세계화의 추진력이 되었다. 이러한 설명은 세계화란 무엇이며, 누구에 의해 추동되고 있는가를 분명하게 이해할 수 있도록 해준다. 즉, 세계화란 자본주의의 역사와 함께 시작한 '자본의 세계화'이며, 특히 최근 정보기술의 발달과 함께 새로운 양상을 보이는 세계화는 세계적 영향을 행사하고 있는 3대 경제기관 및 국가보다 더 강력한 힘을 가지게 된 (다국적)기업들에 의해 추동되고 있다.

이러한 설명은 세계화 과정에 대한 일반적 상황을 이해하기 쉽게 해준다. 그러나 이 책의 미흡한 점으로, 우선 세계화 과정이 세계의 여러 지역에서 어떻게 구체화되고 있는가(즉, 지방화 과정)에 대한 설명이 부족하다는 점을 꼽을 수 있다. 또한 이 책에 의하면, 세계화 과정은 세계 자본주의의 발전 과정과 역사를 같이하는 것으로 이해되지만, 세계화 과정을 자본의 축적 메커니즘에 내재된 역동성과 관련해서 설명하기에는 다소 부족하다. 즉, 『자본의 세계화, 어떻게 헤쳐 나갈까?』는 세계화가 자본주의 발전과 내재적 관계를 가지는 것으로 이해하는 것처럼 보인다. 예를 들어 "이윤율 저하와 관련을 가지는 독점 경향은 어떤 사회적·환경적·경제적 결과를 가져올지 고려하지 않은 채 기업의 의사결정을 조종하며 구조화한다"(88쪽)라고 주장한다.

그러나 이 책의 전반적 설명은 세계화에 내재된 자본축적의 역동성보다는 세계화를 추동하는 주체들의 문제에 초점을 두고 있다. 이러한 설명이 전혀 잘못된 것은 아니라고 할지라도, 독자들의 오해를 불러올 수 있다. 이를테면 이 책의 주장은 이른바 "기업의 세기"가, 결국 추천사의 제목에서처럼 "기업의 세계화가 완전히 실패했다"라는 것으로 요약된다. 그러나 기업의 세기가 남반구의 부채 누적과 부정부패를 초래했고, 세계적 규모로 빈곤과 환경파괴를 일삼으면서 광범위한 저항운동을 유발했다고 할지라도, 자본의 세계화가 '완전히 실패'했고 따라서 조만간 종언을 고할 것이라고 주장하기는 아직 어렵다. 왜냐하면 이러한 문제는 세계화 과정에서 드러나는 위기적 양상임이 분명하지만, 자본의 세계화 과정에 내재된 모순은 이러한 문제의 유발을 통해 잠재적으로 해소되거나 노출이 지연될 수 있기 때문이다.

세계화의 한계와 문제점

자본주의적 세계화 과정이 세계적으로 어느 정도의 부를 창출하도록 했는지는 또 다른 문제이지만, 분명한 사실은 이 과정에서 여러 가지 심각한 문제를 초래했다는 점이다. 우선 세계경제가 이 과정에서 "전 지구적 도박판"으로 전락했다는 점이 지적된다(5장). 금융자본의 발달은 세계적 통화 가격의 미세한 변동에 반응해 초공간적으로 자본을 이동시킴으로써 막대한 수익을 창출했다. 특히 단기적 금융자본은 1997년 동아시아 경제위기에서처럼 외환시장이나 주식시장을 투기적으로 공격한 후 엄청난 이득을 챙기고 철수하는 속성(즉, 당구공 자본)을 가지면서, 해당 국가에 경제적 파탄을 초래해서 신자유주의적 구조조정의 대상이 되도록 한다.

물론 이러한 경제위기는 금융자본의 투기성에 그 원인이 있지만, 또한 해당 국가들이 "자본 흐름에 대한 통제를 양보"했기 때문이라고 할 수도 있다. 이러한 점과 관련해 "지구상의 어느 국가보다도 자국 경제를 많이 통제"하고 있는 중국, 그리고 "투기를 억제하기 위해 일련의 금융 '속도 조절기'를 설치"한 칠레는 투기적 금융자본의 덫을 피할 수 있었지만, 국제통화기금의 새로운 계획에 있었던 브라질 경제는 금융위기를 피해가지 못했다는 점이 지적된다(130~133쪽). 이러한 사실은 결국 세계화 과정이 비록 전 지구적인 금융위기를 초래한다고 할지라도 실제 위기는 지리적으로 불균등하게 발생하며, 개별 국가의 통제 전략은 여전히 적지 않은 의미가 있음을 알려준다.

자본의 세계화로 초래되는 또 다른 지구적 문제로는 빈곤 또는 양극화와 환경파괴를 들 수 있다. 오늘날 당면한 환경위기는 단순히 석탄이나 철과 같이 "재생불가능한 자원들이 당장 부족"하다는 점뿐만 아니라 물의 순환과 대기의 구성, 열대림의 파괴, 생물다양성의 감소 등 "기본적인 생명유지 체계가 붕괴"되고 있다는 사실에서 나타난다. 이러한 환경문제는 기본적으로 선진국 국민들이 불공정한 무역과 과잉소비를 통해 가난한 사람들이나 미래 세대의 '수용능력'을 착복하기 때문에 발생한다(144쪽). 세계화 과정은 남반구 국가들로 하여금 원료 수출을 확대하고 환경 관련 지출을 삭감하도록 하며, 남반구 사람들이 절망적인 빈곤에 시달리도록 함으로써 그들이 '훌륭한 생태 시민'이 될 수 없도록 한다.

또한 세계화 과정에서는 기업의 전략에 의해서뿐만 아니라, 이들이 경쟁력을 갖추도록 세금을 감면하고 임금보다는 이윤을 선호하는 전략을 채택하는 국가 정책에 의해서도 국가 간·계층 간 양극화가 심화된다. 즉, "부와 소득이 하위집단에서 상위집단으로 이전되는 현상은 세계화가 가져온 필연적 결과 중 하나이다"(152쪽). 이러한 소득 양극화 현상은 북반구 선진국과 남반구 제3세계 국가 사이에서뿐만 아니라 한 국가 내의 부유한 집단과 가난한 집단 사이에도 심화된다. 이는 빈곤한 국가, 빈곤한 가정의 노동자들이 더 많은 시간, 더 열악한 환경 속에서 일하도록 만든다.

세계화 과정에서 발생하는 이러한 환경위기와 양극화 문제는 아무리 강조하더라도 지나침이 없을 것이다. 그러나 경제적 세계화에 초점을 두고 있는 이 책은 자원고갈과 희소성(가격)의 증대 또는 새로운 자원 발굴, 그리고 환경오염 통제를 위한 환경기술 및 환경산업의 발달에 따른 초국적 기업의 폭리나 국제적 자원전쟁 등에 대해서는 언급하지 않고 있다. 이러한 문제는 단순한 자원고갈이나 환경파괴의 문제를 능가하는데, 환경의 상품화를 통해 이를 자본축적 과정에 포섭함으로써 이윤획득의 새로운 기회를 획득하는 한편, 빈곤한 집단이나 국가의 자원이용을 통제하는 메커니즘으로도 활용하고 있다.

이 책에서 누락된 또 다른 문제는 세계화의 확산에 따른 정체성의 상실이다. 문화적 세계화는 기본적으로 서구 자본주의 문화가 전 지구적으로 산재해 있는 지방적 문화를 파괴하거나 상품적 가치로 왜곡되도록 한다. 이 책은 '여는 글'에서 세계 각국의 '음식의 퓨전'에 관해 언급하지만, 이에 대한 구체적 논의는 더 이상 찾아볼 수 없다. 물론 이 책은 기본적으로 경제적 세계화에 우선적 관심을 두고 있지만, 환경자원의 확보를 둘러싼 자원전쟁이나 문화의 혼종화를 명분으로 한 지방적 정체성 상실 등은 단순한 정치적·문화적 차원의 세계화라기보다는 경제적 세계화와 밀접하게 연관된 문제로 이해되어야 할 것이다.

탈세계화를 위한 공정무역

『자본의 세계화, 어떻게 헤쳐 나갈까?』는 이러한 세계화의 한계와 문제점을 극복하기 위해 '전 지구적 경제의 재설계'를 주장하고 이를 위한 몇 가지 주요 방안을 제시한다. 이 책은 기본적으로 '기업이 주도한 세계화가 탐욕과 경제적 효율성'만을 강조하기 때문에 이로 인한 세계화의 위기는 전 세계 민중운동에 활력을 불어넣는다고 주장한다. 이러한 주장은 '누구나 인정할 수 있고 흔들 수 없는 하나의 진리', 즉 "인간이 경제활동의 중심에서서 통제권을 행사할 수 있는 체계를 만드는 길뿐이라는 사실"에 근거한다. 그리고 이를 위한 구체적인 방향으로, 첫째, 국제통화기금을 혁신해서 시민 참여를 증진시키자, 둘째, 전 지구적 금융기관을 설립하자, 셋째, 지구를 존중하고 전 지구적 환경기구같이 국제연합의 위임을 받은 새로운 세계조직을 구성하자, 넷째 국제금융 거래에 '토빈세'를 도입해 투기를 막자, 다섯째, 거대 기업에 법적 통제를 가할 수 있도록 대안투자 협정을 체결하는 등 공공선을 위해 자본을 통제하자 등의 대안을 제시한다.

이러한 방안은 세계화의 문제점을 해소하기 위해 나름대로 의미를 가지지만, 세계화 과정 자체를 지나치게 인간 행위 차원의 문제로 이해하고 문제의 해결을 매우 낙관하고 있다는 점에서 아쉬움이 남는다. 즉, 이 책의 저자는 기업이 주도하는 세계화를 시민 또는 민중이 주도하는 세계화로 전환시킨다면 문제가 해소될 수 있을 것이라고 생각하는 한계를 가지고 있다. 이러한 문제는 세계화 과정을 행위의 차원과 함께 구조적 차원(즉, 자본축적 메커니즘의 역동성)으로 이해하지 못했고, 또한 지방화 과정이나 문화적 정체성의 문제(특히 제3세계 국민이나 빈곤한 집단의 입장에서)와 관련해서 분석하지 못한 결과라고 할 수 있다.

『공정한 무역, 가능한 일인가?』에서 주창하는 '공정무역fair trade'은 한편으로 『자본의 세계화, 어떻게 헤쳐 나갈까?』에서 제시하는 대안과 같은 맥락에서 이해되며, 또한 유사한 문제를 안고 있는 것으로 평가된다. 즉, 『자본의 세계화, 어떻게 헤쳐 나갈까?』에서 세계적 "경제체계와 경제구조는 인간이 창조한 것이고, 세계경제의 작동을 통제하는 규정을 정하는 기관들 또한 인간이 창조한 것"(167쪽)이라는 주장은 『공정한 무역, 가능한 일인가?』에서 "시장과 무역은 인간이 발명한 것이기에 오류가 있을 수밖에 없다"라는 주장으로 이어진다. 그러나 『자본의 세계화, 어떻게 헤쳐 나갈까?』에서 제시된 대안은 다소 거시적이고 피상적이지만, 『공정한 무역, 가능한 일인가?』에서 제시되는 대안은 구체적 사례를 현실 세계에서 직접 찾아볼 수 있고, 따라서 앞으로 더욱 확대시켜나갈 경우 탈세계화를 위한 주요한 실천 방안이 될 수 있다는 점에서 유의성을 가진다.

『공정한 무역, 가능한 일인가?』에 따르면, 비교우위의 개념에 따라 국제무역은 상대국에게 피해를 주는데도 선진국 중심으로 확대되어왔지만, 1930년대 대공황 직전 각국이 자국의 산업을 공황에서 지키기 위해 국제무역을 둔화시킴으로써 공황을 가속화시켰다고 인식하게 되었다. 반면 동아시아 국가들을 중심으로 수출지향 경제성장이 성공을 거둔 것처럼 보임에 따라, 국제무역은 활성화되었지만 대부분의 제3세계 국가들도 세계 상품(및 자본)시장의 투기성 때문에 빚의 구렁텅이에 빠져 헤어나오지 못하고 있다. 이러한 상황을 배경으로 이 책의 저자는 '시장의 권력은 누구에게 있는가'라는 쟁점을 제안하고, 그 답은 '기업'이라고 말한다. 왜냐하면 기업은 "세계 '자유'무역의 가장 강력한 지지자들로, 세계무역의 3분의 2를 독점하"기 때문이다(35쪽).

기업은 자유무역을 이루어내기 위해 정부에 크게 의존하지만, 동시에 국가의 규제 철폐를 요구한다. 그러나 이에 따른 세계적 자유무역의 확대는 불평등의 심화와 지구온난화와 같은 환경위기를 초래하게 되었다. 따라서 문제는 "무역의 '규제'나 '규제 완화'가 문제가 아니라, 무역이 인간을 위한 도구인가 아니면 인간을 지배하는 주인인가에 대한 문제"라고 할 수 있다. 기존의 자유무역이 인간을 지배하는 주인이 되고자 했다면, 공정무역은 인간을 위해 봉사하는 도구로 제시된다. 즉, 공정무역은 "생산과정을 민주화하고, 공동 소유권을 보장하며, 노동조합이 장려되며, 아동노동이 필요가 없는 데다 환경의 지속가능성과 인권까지 보장하는 것"으로 이해된다(39쪽).

공정무역은 가능한가?

『공정한 무역, 가능한 일인가?』은 공정무역이 가능한가라는 의문을 제시하고 이의 가능성에 답하기 위해 전 세계 곳곳을 찾아다니면서 탈세계화를 위한 대안을 추구한다는 점에서 유의성을 가진다. 그러나 문제는 이러한 공정무역이 추구하는 생산과정의 민주화와 공동 소유권 보장, 지속가능한 환경과 생태적 공존 등과 같은 목적이 자본주의 시장경제 내에서 과연 어느 정도 가능할 것인가라는 것이다. 특히 "공정무역은 대형 매장이나 잘 계획된 광고로 다양한 열대 지역의 생산품을 취급함으로써 '주류'시장에 더 다각적으로 침입해보려" 하지만, 그렇게 할수록 오히려 주류시장에 편입되거나 유사해져야 하지 않는가라는 의문을 가지도록 한다.

하여튼 『공정한 무역, 가능한 일인가?』의 저자는 이러한 공정무역의 척도로, 민주적 조직, 안정된 무역조합, 아동노동의 금지, 적절한 노동조건, 환경적 지속가능성, 생산비용을 포괄하는 가격, 조건을 향상시키기 위한 사회적 프리미엄, 그리고 장기적 관계를 가지는 무역 등을 설정한다. 그리고 저자는 이러한 공정무역의 가능성을 찾아서 멕시코 치아파스의 커피농장(1장)을 찾아가 공정무역이 어떻게 북미자유무역협정으로 빈곤이 심화된 치아파스 지역의 생활이 더 큰 어려움에 빠지지 않도록 했는지, 그리고 페루의 커피생산지(2장)를 방문해서 커피가격의 10%만 생산자에게 돌아가는 커피산업에서 공정무역이 더 정당한 수익을 얻을 수 있도록 하는지를 살펴보고 이를 생생하게 기록하고 있다.

또한 필자는 비교우위에 입각해서 단일재배경제가 탁월한 가나의 코코아 산지(3장)를 답사해 코코아협동조합과 코코아마케팅위원회와 같은 공정무역 활동 기구들이 어떻게 활동하고 있는지, 그리고 유럽과 미국 간 바나나 전쟁과 관련된 과테말라의 대규모 플랜테이션과 도미니카의 작은 농장들(4장)을 찾아가서 현지 노동자들이 공정무역을 위해 어떻게 노력하고 있는지를 살펴본다. 필자는 이러한 현장방문을 통해 관찰한 구체적 사실(예를 들어 공정하게 거래되는 유기농 상품과 이를 위한 조합 활동 등)에 기초해 공정무역의 가능성을 확인한다. 또한 이러한 지역에서 어떠한 환경문제가 발생하고 있으며, 공정무역을 위해 노력하는 현지 주민이나 기관이 이의 치유를 얼마나 원하고 있는가를 살펴보고 있다.

그뿐만 아니라 저자는 1차 산품에서 제조업 물품의 공정무역을 알아보기 위한 미국의 청바지 시장(5장), 영국의 초콜릿 기업 등을 찾아간다(6장). 저자는 현장을 방문하면서 더 이상 노동을 착취하거나 환경을 파괴하지 않고 공정한 경로를 통해 생산되고 유통되는 청바지 시장이나 초콜릿 시장이 유지될 수 있는지, 이러한 소비가 현실적으로 가능한지 확인하려고 한다. 끝으로 자유무역을 주장하는 거인들 사이에 끼어 있는 갓난아이와 같은 공정무역의 전망을 모색한다(7장). 저자는 자유시장에 대항해 공정무역이 진정한 혜택을 가져다줄 것이라는 확신을 바탕으로 공정무역이 민주적 통제와 지역의 다양성을 향상시킨다는 점을 보이고 공정무역의 신뢰성 있는 상표에 주목한다. 또한 대학 내 캠페인과 노조의 투쟁, 소비자의 책임 등을 강조한다.

『공정한 무역, 가능한 일인가?』는 『자본의 세계화, 어떻게 헤쳐 나갈까?』와 마찬가지로 세계화 이후를 상당히 낙관적으로 전망하고 있다. 세계 "자본주의의 힘이 막강하지만 그것은 깊이 뿌리박지 못한 것이기 때문에 영원불변하지도 않고 그리 널리 퍼져나가지도 못한다"라고 서술한다(221쪽). 이러한 낙관론은 자본축적의 메커니즘이 어떻게 자신의 모순을 교정하면서 계속 확대·확산시켜나가고 있는가에 대한 체계적 분석을 결여하고 있기 때문에 가능한 것처럼 보인다. 그러나 탈세계화를 위한 현실적 실천은 세계화에 대한 체계적 분석에 앞서 대안이 될 수 있다. 『공정한 무역, 가능한 일인가?』은 이와 같은 공정무역이 탈세계화를 위한 대안으로서 어떤 의미를 가지며 다양한 국가나 지역들에 실제 시행되고 있는가를 매우 구체적인 경험을 통해 설득력 있게 답하고자 한다는 점에서 큰 의의를 가진다.

2007.5.25.

10-3
도시는 누구의 것인가?

서평

- 『반란의 도시: 도시에 대한 권리에서 점령운동까지』. 2014. 데이비드 하비 지음. 한상연 옮김. 에이도스.

도시는 시민의 것이다

도시는 시민의 것, 좀 더 정확히 말해 도시를 생산한 노동자의 것이다. 왜냐하면 도시는 그곳에서 살아가는 시민들의 손(노동)에 의해 만들어진 것이기 때문이다. 물론 도시(공간 또는 건조 환경)를 생산하는 데는 국가의 공적 자금이 투입되며 건설자본이나 금융자본도 일정한 역할을 담당한다. 그러나 국가 예산은 시민의 세금으로 충당된 것이고, 각종 자본도 궁극적으로 과거 노동의 결과물이라고 할 수 있다. 따라서 도시 공간은 공공공간일 뿐 아니라 시민 모두가 권리를 주장하고 향유할 수 있는 공유재이다.

도시 공간이 공유재라는 사실은 누구나 인정하는 것처럼 보이지만, 실제 우리는 이 사실을 잊고 살아간다. 반면 최근 공유재의 관리와 권리를 둘러싼 관심이 되살아나고 있다. 공유재에 관한 논의는 개릿 하딘Garrett Hardin이 소개한 우화인, '공유지의 비극'을 통해 우리에게 잘 알려져 있다. 그러나 이 논의에서는 하딘 자신뿐 아니라 이에 동의하는 많은 사람이 공유지에 방목한 소의 사적 소유에서 문제가 발생한다는 사실을 제대로 이해하지 못했다.

2009년 노벨경제학상을 수상한 엘리너 오스트롬Elinor Ostrom은 '공유의 비극을 넘어'라는 수상 연설에서 소를 기르는 사람이 대화를 해서 공유 규칙을 만들면 문제가 해결될 것이라고 제안했다. 그러나 이해당사자들이 만나 공유 규칙을 마련하기란 정말 쉽지 않을 것이다. 더구나 공유지의 규모가 도시 공간(도시 재개발)이나 지구 공간(기후 온난화)으로 확장된다면 더욱 그러할 것이다.

하트와 네그리는 최근 '다중'의 혁명과 정치적 조직화를 다룬 『공통체』에서 신자유주의 통치의 모순과 금융위기를 서술한 후 그동안 재산(소유) 관리의 일반적 방식이었던 '공화국'을 대신해 다중이 군주가 되는 '공통체'를 제시한다. 그러나 이들의 주장은 국가의 존재 여부에 대한 주장의 일관성이 부족할 뿐 아니라 공통체가 실현될 구체적 장(메트로폴리스, 즉 대도시)에 대한 논의가 부족하다.

하비의 가장 최근 저서 『반란의 도시: 도시에 대한 권리에서 점령운동까지』는 공유재로서 도시 그리고 이에 대한 시민의 권리를 강조하면서, 자본주의 도시화 과정에서 도시 공유재에 대한 권리가 어떻게 상실되었는가를 분석하는 한편, 상실된 공유재로서의 도시에 대한 권리를 되찾기 위해 어떻게 '도시혁명'을 이끌어나가야 할 것인가를 제안하고 있다.

하비는 지리학자이지만, 동시에 사회이론 및 인문학 전반에 걸쳐 세계적으로 알려진 진보적 학자이다. 80세에 가까운 고령에도 지난 몇 년 사이에만 『반란의 도시』 외에 『자본의 수수께끼』, 『세계시민주의와 자유의 지리학』, 『자본의 17가지 모순』 등을 출간했다. 이들 가운데 『반란의 도시』는 자본주의 도시 공간의 형성에 관한 이론적 논의와 더불어 이에 내재된 모순을 극복하기 위한 도시혁명의 실천적 함의를 매우 이해하기 쉽게 서술하고 있다.

자본주의 도시화의 한계

도시는 인간 삶의 터전이다. 인간은 도시를 만들면서 자신의 삶도 만들어왔다. 경제지리적으로 논점을 좁혀보면, 도시는 본래 잉여생산물이 사회공간적으로 집적되는 과정에서 만들어졌다. 이 때문에 도시는 잉여물을 생산한 계급과 이 잉여물을 전유하고자 하는 비생산 계급 간 갈등으로 가득 차 있다. 도시의 역사는 언제 어디서나 계급투쟁의 역사였다. 자본주의하에서 이러한 상황은 더욱 치밀하게 계획되고 구조적으로 실행된다.

자본주의는 자본의 확대 및 재생산과정, 즉 잉여가치(이윤)의 영속적 추구를 전제로 하며, 이를 위해 잉여물의 끊임없는 생산과 소비를 요구한다. 이는 자본주의가 도시 공간의 생산에 필요한 잉여생산물을 만들어내야 할 뿐만 아니라 이러한 잉여생산물을 흡수할 수 있는 도시 공간의 확대재생산을 필요로 함을 의미한다. 즉, "자본주의는 과잉자본을 생산하고 흡수하기 위해 이윤을 확보할 영역을 끊임없이 발견해야 한다"(29~30쪽).

하비에 의하면 자본주의 도시화가 바로 이 역할을 수행한다. 1848년 공황 이후 프랑스 제2제정기 오스망의 파리 개조, 제2차 세계대전 전후 뉴욕 대도시권의 교외화, 그리고 오늘날 자본주의 경제의 지구화를 배경으로 세계 도처(중국의 많은 도시들, 그리고 두바이, 상파울루, 마드리드 등)에서 전개되고 있는 신자유주의적 도시화 과정은 과잉자본의 생산과 흡수를 위한 프로젝트의 대표적인 사례이다.

이러한 도시화 과정에서 붐을 일으킨 부동산시장은 도시 경제, 나아가 국가 경제성장에 이바지할 뿐만 아니라 지구적 금융시장과 연계되어 세계 경제를 추동하는 것처럼 보인다. 그러나 자본주의 도시화 붐의 역사적 사례들은 결국 정치경제적 위기를 초래한다. 2008년 미국의 서브프라임모기지 사태와 이에 이은 세계 금융위기는 우리가 직접 겪은 일이다.

하비는 자본주의 도시화 과정에 내재된 위기에 대해 제대로 된 설명이 없다고 주장한다. 2009년 제시된 「세계은행개발보고서」는 경제 지리와 도시 개발에 관한 최초의 진지한 고찰이라고 평가할 수 있지만, 도시 개발과 거시경제 간 관계에 대한 통찰은 매우 부족하다. 반면 고전적 마르크스주의자들은 자본주의 도시화가 이론의 핵심주제가 아니라고 생각한다.

그러나 자본주의 도시화는 자본축적이 전개되는 장일 뿐 아니라 이 과정에 필수적으로 내재된 과정이다. 하비는 이를 도시 토지 및 부동산시장에 작동하는 의제자본과 신용체계, 그리고 이를 통한 독점지대의 전유로 설명한다. 이에 대한 하비의 체계적인 설명은 그의 역작 『자본의 한계』에서 상술되어 있지만, 그의 최근 저서 『신자유주의』, 『자본의 수수께끼』, 『자본의 17가지 모순』과 더불어 『반란의 도시』에서는 좀 더 구체적이고 현실감 있게 서술되어 있다.

하비는 또한 과잉자본의 생산과 흡수 전략으로서 자본주의 도시화 과정은 심각한 파국을 초래한다고 주장한다. 즉, 이 과정은 자본축적의 주기적 위기뿐 아니라 도시 공간의 '창조적 파괴'를 동반한다. 자본주의적 "도시 형성 과정의 핵심에는 배제와 약탈이 본질적으로 존재한다. 이것이 바로 도시 재개발을 통한 자본 흡수의 다른 측면이다"(49쪽). 이러한 창조적 파괴는 도시 대중들로부터 일체의 도시권을 박탈하는 과정이기도 하다.

도시에 대한 권리

하비에 의하면, 자본주의 도시화 과정에서 초래된 위기를 극복하고 대안적 사회를 만들기 위해, 무엇보다도 도시가 공유재라는 사실을 인식하고 이에 대한 권리를 주장하는 것이 중요하다. 하트와 네그리와 비슷하게, 하비도 오늘날 집단적 노동이 생산해낸 방대한 공유재가 곧 대도시라고 주장한다. 나아가 그는 "공유재를 사용할 권리는 공유재를 생산한 모든 사람에게 주어져야 한다. 이 사실은 당연히 도시를 만들어낸 집단적 노동자가 도시권을 요구할 근거가 된다"라고 강조한다(146쪽).

도시권의 개념을 통해 하비가 문제로 삼고자 하는 점은 공유재 그 자체라기보다, 도시 공유재를 생산한 사람과 이를 전유해 사적 이익을 추구하는 사람 간의 관계이다. 즉, 문제의 핵심은 "도시 공간 형성은 도시 공유재를 영속적으로 생산하는 과정인 동시에 사적 이익집단이 도시 공유재를 끊임없이 전유하고 파괴하는 과정"이다(148쪽). 특히 지난 수십 년간 기승을 부린 신자유주의적 도시 전략은 잉여 관리를 민영화해서 자본과 소수 상층계급에 극히 편향적으로 집중되도록 했다.

도시권은 이러한 자본주의 도시화 과정에서 집단적으로 생산된 공유물 또는 잉여물의 민주적 관리를 의미한다. 도시권은 신자유주의적 도시 전략으로 사적 이익집단의 손아귀에 들어간 도시 공유재를 되찾기 위한 애타는 호소인 동시에 불가피한 요구이다. 그러나 도시권 개념은 아직 체계적인 의미를 갖추지 못했기 때문에 자칫 공허한 기표에 머물 수도 있다. 또한 자본과 상층계급이 일반 시민보다 더 강하게 도시권을 요구할 수도 있다.

사실 하비가 제시한 도시권 개념은 르페브르가 『자본론』 1권의 출간 100주년을 기념해 집필한 『도시에 대한 권리』에서 시작된 것으로, 르페브르의 역작 『공간의 생산』에서 일반적 개념으로 체계화되었다. 그러나 도시권 개념을 채우기 위해 반드시 르페브르나 하비에게 의존할 필요는 없다. 왜냐하면 "도시권 사상은 거리에서, 지역사회에서 형성된 것"이며, "억압당해 절망하는 사람들의 도와달라는 절규"에서 나온 것이기 때문이다(13쪽).

따라서 우선 일상생활 속에서 도시란 시민들의 집단적 노동의 산물이라는 사실을 깨닫는 것이 중요한다. "공유재는 사회적 이익을 위해 생산되고 보호되고 이용되어야 한다는 정치적 인식은 자본가 권력에 저항하고 반자본주의 이행의 정치를 다시 생각하는 데 필요한 기본 뼈대이다"(158쪽). 하비는 이러한 도시권의 요구를 통해 잉여의 생산과 분배를 사회화하고 누구에게나 개방된 새로운 공동의 부를 확립하는 것이 가능하다고 주장한다.

또한 시민들은 자신의 바람에 따라 도시를 재창조할 권리를 가지고 있음을 깨닫는 것이 중요하다. 도시권은 도시에 산재한 자원에 접근할 권리를 넘어선다. 즉, 도시권은 단순히 도시 자원의 '분배적 정의'를 실현하는 데 머물지 않는다. 도시권은 도시를 시민들이 바라는 대로 바꾸고 재창조할 권리이다. 도시권은 자신이 창출한 도시로부터 소외된 시민들이 자신의 열정에 따라 도시를 재창출하고자 하는 '생산적 정의'의 실현을 함의한다.

반자본주의 운동으로서의 도시혁명

그렇다면 도시의 잉여물을 어떻게 관리할 것인가, 그리고 도시를 어떻게 재창조할 것인가? 이 문제는 도시의 생산과정에 개입하는 집단적 권력에 따라 좌우된다. 그러므로 도시권은 개인적 권리가 아니라 집단적 권리이다. 또한 도시권에 대한 요구는 우리가 만들어낸 도시 공유물을 이용하는 방법, 그리고 우리가 살아가는 도시를 재창조하는 방법을 결정하는 권력에 대한 주장이다.

그렇다면 이러한 권력은 어떻게 획득되고 조직(제도화)될 수 있는가? 오스트롬은 '복합적 경제시스템의 다중심적 거버넌스'를 제시한다. 그러나 하비에 의하면, 이 제안은 분권적 자치를 외치는 다른 급진적 제안과 마찬가지로 신자유주의 함정에 빠질 위험이 있다. 머리 북친Murray Bookchin이 다양한 규모에서 공유재를 창출하고 이용하기 위한 방안으로 제시한 '자치체 연합주의' 역시 나름대로 의미를 가지지만, 자치체 간 불균등발전을 해소하기는 어렵다.

하비가 제안하는 방법은 국가를 향해 공공 목적에 부합하는 공공재를 공급하라고 요구하는 한편, 주민들이 스스로 조직해 공유재의 질을 확대하고 높이는 방향으로 공공재를 전유하고 이용하는 것이다(159쪽). 이러한 주장에서 하비는 공유재의 공급과 관리를 위한 위계적 조직을 인정하는 것처럼 보인다. 이러한 개량주의적 주장에 대해서는 상당한 비판이 제기될 것으로 예상되지만, 실제 하비가 주장하는 것은 '도시혁명'이다.

하비는 도시화가 자본축적의 역사에서 결정적인 역할을 했다면 반자본주의 투쟁은 당연히 도시 공간에 초점을 두어야 한다고 주장한다. 이러한 점에서 하비는 도시사회운동을 노동계급운동과 분리된 것 또는 그 파생물로 인식하는 전통 "좌파의 전망을 바꾸자"라고 주장한다. 도시 공간은 정치활동과 저항의 중요한 장소일 뿐 아니라 잉여가치의 생산과 흡수에 결정적인 역할을 하고 있다. 따라서 반자본주의 운동을 위해서는 도시혁명이 불가피하다.

도시혁명이 불가피한 이유는 첫째, 계급적 착취의 역학이 일터에만 한정되지 않고 도시 공간 전반에 걸쳐 이루어지고, 둘째, 도시 공간 자체가 생산된 것이므로 도시 노동자들은 자신들이 생산한 도시를 소유하고 관리할 권리를 가지며, 셋째, 도시는 공장을 거점으로 한 노동운동에 폭넓은 지지 기반이 되기 때문이다. 이에 관한 논의에서 하비는 노동계급 운동에 우선성을 두는 것처럼 보이거나 도시운동과 노동운동을 완전히 통합시키지 못하는 한계를 보인다.

또한 하비가 이 책에서 보인 한계는, 이미 지적한 바와 같이 어떻게 도시를 조직할 것인가의 문제이다. 특히 그를 딜레마에 빠지도록 한 것은 지역 불균등발전, 즉 자치체 간 부의 불균등 분배 문제이다. 이로 인해 하비는 다소 모순된 주장을 하는데, "자치체 간 부의 재분배 규칙은 민주적 합의를 거칠 때 또는 위계적 거버넌스 구조 속에서 시민이 민주주의 주체로 나서서 다양한 수준에서 결정권"을 행사할 때 확립된다고 말한다. 그리고 그는 "상위 정치체 내부에서 시민권과 권리의 세계는 계급과 투쟁의 세계와 꼭 대립하는 것은 아니다"라고 덧붙인다.

그러나 하비의 기본적인 관심은 도시혁명, 특히 도시권 운동이며, (자본주의적) 국가에 격렬하게 저항하는 것이다. 그에 의하면, "도시권은 이미 존재하는 권리가 아니라 도시를 사회주의적 정치체로 재건설하고 재창조하는 권리로 해석해야 한다. 한마디로 빈곤과 사회적 불평등을 근절하고 파멸적 환경 악화로 인한 상처를 치유하는 도시를 건설할 권리"이다(234~235쪽).

이러한 도시권에 근거해서 하비는 월스트리트 점령 운동을 옹호한다. 미국이라는 국가는 월스트리트 점령 운동에 대응해 "국가만이 공공공간을 관리하고 자유롭게 처분할 배타적 권리"가 있다고 주장한다(272쪽). 그러나 도시의 공공공간은 누구의 것인가? 국가의 것인가, 시민의 것인가? 이에 대한 대답은 자명하다. 도시는 시민의 것이다. 누가 이를 부정할 수 있겠는가? 도시의 공유적 잉여를 사적으로 전유하는 자본과 상층계급에 반란하라! 그리고 도시의 공공공간을 점령하라!

2014.5.7.

참고문헌

서론

김민수. 2007.9.6. "[한국 도시디자인 탐사] (1) 아파트공화국, 도시는 오늘도 성형수술 중". ≪경향신문≫.

박희경. 2009. 「저탄소 그린도시 인프라 재생기술 개발 과제소개」. 국토해양부. 도시재생사업단.

이찬규. 2009. 「장소의 경험 1: 한국과 프랑스 골목 문화의 새로운 가치와 전망」. ≪인문과학≫, 44, 49~70쪽.

≪경향신문≫. 2007.1.29. "[경향과의 만남] 김문수 경기도지사".

제1장 경제와 국토 공간

권오혁. 2009. 「네트워크도시의 이론적 검토와 동남권에의 적용 가능성에 관한 연구」. ≪한국경제지리학회지≫, 12(3), 277~290쪽.

김주영. 2003. 「네트워크도시이론을 적용한 도시의 효율성 분석」. ≪국토연구≫, 38, 63~78쪽.

벨, 대니얼(Daniel Bell). 2006. 『탈산업사회의 도래』. 김원동·박형신 옮김. 아카넷(*The Coming of Post-Industrial Society: A Venture in Social Forecasting*. Basic Book. 1973).

손정렬. 2011. 「새로운 도시성장 모형으로서의 네트워크도시: 형성과정, 공간구조, 관리 및 성장 전망에 대한 연구 동향」, ≪대한지리학회지≫, 46(2), 181~196쪽.

최재헌. 2002. 「1990년대 한국도시체계의 차원적 특성에 관한 연구」. ≪한국도시지리학회지≫, 5(2), 33~49쪽.
≪중앙일보≫. 2013.2.25. "[전문] 박근혜 대통령 취임사".

제2장 도시와 경제 공간

≪매일경제≫. 2013.8.8. "먹구름 낀 대구경북 첨단의료복합단지".
≪매일신문≫. 2010.9.16. "'MB'선물 김칫국 마신 대구·경북".

제3장 도시 공간의 재구성

≪민중의 소리≫. 2009.12.20. "정운찬 '세종시는 정치적 잘못'".
≪울산매일≫. 2014.9.3. "17개 시도별 창조경제혁신센터와 연계 대기업".
≪중앙일보≫. 2014.9.25. "조해진 의원 '창조경제타운 멘토 절반은 활동 없어'".

제4장 도시 경관과 문화

정희선. 2009. 「경관 재구조화에 의한 장소의 경제적 가치 재생에 대한 비판적 검토: 동대문운동장의 사례」. ≪대한지리학회지≫, 44(2), 161~175쪽.
최병두. 2012. 『자본의 도시: 신자유주의적 도시화와 도시 정책』. 한울.
홍금수. 2009. 「경관과 기억에 투영된 지역의 심층적 이해와 해석」. ≪문화역사지리≫, 21(1), 46~94쪽.
≪한국일보≫. 2014.11.26. "자고 나니 임대료 두 배…… 홍대 땡땡거리의 비명".
≪한국일보≫. 2015.3.26. "중심가 임대료 월 1000만원…… 소극장 설 곳 없는 대학로".

제5장 주택정책과 부동산시장

≪아주경제≫. 2014.7.16. "부산·대구·광주 등 지방에도 1만여 가구 공급".
≪연합뉴스≫. 2014.7.16. "최경환 '현재 부동산 규제는 겨울에 여름옷 입은 격'".
≪연합뉴스≫. 2014.7.18. "최경환 '경제 난제 풀려면 지도에 없는 길 가야'".
≪이데일리 뉴스≫. 2015.7.5. "그리스의 비극과 불행한 행복주택".
≪한겨레 21≫. 2013.11.27. "전세 산 적 없는 사람들의 주택정책".

≪한국경제≫. 2015.4.17. “전국 아파트 평균 전셋값 역대 최고 ‘2억원’ 돌파”.
≪CBS 노컷뉴스≫. 2014. 8.12. “최경환 효과…… 강남은 들썩, 강북은 풀썩”.

제6장 도시 주거와 서민생활

≪뉴시스≫. 2015.2.16.“구룡마을, 주민회관 철거 재개”.
≪데일리부산≫. 2014.11.21. “저소득 자영업가구, 사실상 부채 노예상태?”
≪머니투데이≫. 2015.2.6. “구룡마을 자치회관 철거작업…… ‘불법 건축물’ vs ‘보복’”.

제7장 위험한 사회와 무능한 정치

김호기. 2015.6.18. “메르스 사태의 다섯 가지 코드”. ≪한국일보≫.
신동천. 2015.7.14. “안전+신뢰=안심’ 메르스의 교훈”. ≪The Science Times≫.
장재연. 2015.6.17. “메르스 사태, 어디서 무엇이 잘못됐나”. ≪허핑턴포스트≫.
전광희. 2014.12.3. “2030년부터 인구 감소, 30년간 1천만 명 유입돼야 현상유지”. ≪영남일보≫.
전국보건의료산업노동조합 편. 2015.『대한민국 의료혁명』. 살림터.
≪경향신문≫. 2015.6.13. “메르스 확산, 한국형 의료재난”.

제8장 다문화사회와 지역의 역할

최병두 외. 2011.『지구·지방화와 다문화공간』. 푸른길.
최병두. 2011.『다문화공생: 일본의 다문화사회로의 전환과 지역사회의 역할』. 푸른길.
≪대구신문≫. 2015.4.20. “대구 서구 비산 7동 ‘안전 마을’ 만든다”.

제9장 국토 공간과 도시 이론가들

벨, 대니얼(Daniel Bell). 2006.『탈산업사회의 도래』. 김원동·박형신 옮김. 아카넷(*The Coming of Post-Industrial Society: A Venture in Social Forecasting*. Basic Book. 1973).
변필성. 2003.「젠트리피케이션에 관한 일고찰: 레이와 스미쓰의 1980년대 연구를 중심으로」. ≪한국경제지리학회지≫, 6(2), 471~486쪽.

스미스, 닐(Neil Smith). 1999. 「세계경제 위기와 국제비판지리학의 필요성」, ≪공간과 사회≫, 12, 37~65쪽.

조정환. 2011. 『인지자본주의: 현대 세계의 거대한 전환과 사회적 삶의 재구성』. 갈무리.

최병두. 2011. 「데이비드 하비의 지리학과 신자유주의 세계화의 공간들」. ≪한국학논집≫, 42호, 7~38쪽.

_____. 2015. 『창조경제와 창조도시: 이론과 정책, 비판과 대안』. 대구대학교 출판부.

카스텔, 마누엘(Manuel Castells). 2001. 『정보도시: 정보기술의 정치경제학』. 최병두 옮김. 한울(*The Informational city*. Blackwell. 1989).

하비, 데이비드(David Harvey). 1973. 『사회정의와 도시』. 최병두 옮김. 종로서적(*Social Justice and the City*. Arnold. 1973).

_____. 1995. 『자본의 한계』. 최병두 옮김. 한울(*The Limits to Capital*. Blackwell. 1982).

_____. 1995. 『포스트모더니티의 조건』. 박영민·구동회 옮김. 한울(*The Condition of Postmodernity*. Blackwell. 1989).

_____. 2007. 『신자유주의: 간략한 역사』. 최병두 옮김. 한울(*A Brief History of Neoliberalism*. Oxford Univ. Press. 2005).

_____. 2012. 『자본의 수수께끼: 자본주의 세계경제의 위기들』. 이강국 옮김. 창비(*The Enigma of Capital, and the Crises of Capitalism*. Profile Books. 2010).

_____. 2014a. 『반란의 도시: 도시에 대한 권리에서 점령운동까지』. 한상연 옮김. 에이도스(*Rebel Cities: From the Right to the City to the Urban Revolution*. Verso. 2013).

_____. 2014b. 『자본의 17가지 모순: 이 시대 자본주의의 위기와 대안』. 황성원 옮김. 동녘(*Seventeen Contradictions and the End of Capitalism*. Profile Books. 2014).

하트(Michael Hardt)·네그리(Antonio Negri). 2011. 『제국』. 윤수종 옮김. 이학사.

_____. 2014. 『공통체: 자본과 국가 너머 세상』. 정남영·윤영광 옮김. 사월의 책

(*Commonwealth*. Harvard Univ. Press. 2009).

Gorz, A. 1989. *Critique of Economic Reason*. Verso.

Smith, N. 1984. *Uneven Development: Nature, Capital and the Production of Space*. Basil Blackwell.

_____. 1996. *The New Urban Frontier: Gentrification and the Revanchist City*. Routledge.

_____. 2002. *American Empire: Roosevelt's Geographer and the Prelude to Globalization*. University of California Press.

_____. 2005. *The Endgame of Globalization*. Routledge, New York.

제10장 세계화 속 국토 및 도시 관련 서평

글린, 앤드류(Andrew Glyn). 2008.『고삐 풀린 자본주의: 1980년 이후』. 김수행·정상준 옮김. 필맥.

랜섬, 데이비드(David Ransom). 2007.『공정한 무역, 가능한 일인가?』. 장윤정 옮김. 이후.

엄기호. 2008.『닥쳐라, 세계화!: 반세계화, 저항과 연대의 기록』. 당대.

엘우드, 웨인(Wayne Elwood). 2007.『자본의 세계화, 어떻게 헤쳐 나갈까?』. 추선영 옮김. 이후.

페트라스(James Petras)·벨트마이어(Henry Veltmeyer). 2008.『세계화의 가면을 벗겨라: 21세기 제국주의』. 원영수 옮김. 메이데이.

하비, 데이비드(David Harvey). 2014.『반란의 도시: 도시에 대한 권리에서 점령운동까지』. 한상연 옮김. 에이도스(*Rebel Cities: From the Right to the City to the Urban Revolution*. Verso. 2013).

글의 출처

서론

「**대한민국 국토 성형의 역사**」: 2010년 5월 25일 작성. ≪작은 것이 아름답다≫(녹색연합 월간지), 14호, 8~13쪽에 게재. 「대한민국 자연 성형사」라는 제목으로 2010년 발간된 『국어 시간에 생각 키우기』(충북국어교사모임 편역, 나라말)에 재게재.

제1장 경제와 국토 공간

「**창조경제, 경제민주화, 지역균형발전**」: 2013년 4월 30일 작성. "창조경제 또는 허구적 상상의 경제"라는 제목으로 2013년 5월 6일 ≪대구신문≫에 게재. 2013년 6월 19일 전국지리학대회 한국경제지리학회 특별 분과 '창조경제와 지역발전' 기조 발표문.

「**국토균형발전과 지역공동체 경제**」: 2014년 1월 15일 작성. 같은 제목으로 2014년 1월 21일 ≪대구신문≫에 게재.

「**영남권 네트워크도시화의 가능성과 과제**」: 2015년 1월 작성. 「네트워크도시 이론과 영남권 지역의 발전 전망」이라는 제목으로 ≪한국지역지리학회지≫ 21권 1호에 게재(본문은 논문의 일부를 수정한 것임).

제2장 도시와 경제 공간

「**탈성장 시대, 새로운 지역발전 전략이 필요하다**」: 2010년 9월 16일 작성. "탈성장 시대의 지역발전 전략"이라는 제목으로 2010년 10월 9일 ≪중앙일보≫에 게재.

「**지역불균형과 대구 첨단의료복합단지**」: 2009년 9월 15일 작성. "대구 의료복합단지는 균형 발전의 출발"이라는 제목으로 2009년 9월 26일 ≪중앙일보≫에 게재.

「**대구경북경제자유구역 개발의 의의와 한계**」: 2015년 7월 15일 작성. "대구경북경제자유구역의 전망과 과제"라는 제목으로 2015년 8월 27일 ≪대구신문≫에 게재.

제3장 도시 공간의 재구성

「**메트로시티, 환상 또는 현실**」: 2009년 3월 18일 작성. "'스마트 도시'의 환상·'이중 도시'의 현실 조율할 수 있을까"라는 제목으로 2009년 4월 27일 ≪교수신문≫에 게재.

「**세종시 건설을 둘러싼 권력 갈등**」: 2009년 12월 29일 작성. "세종시와 4대강 배회하는 권력의지"라는 제목으로 2010년 1월 6일 ≪르몽드 디플로마티크≫에 게재. 「보론: 대구·경북 혁신도시를 혁신하라」, 2015년 9월 14일 작성. 같은 제목으로 2015년 9월 18일 ≪대구신문≫에 게재.

「**'창조경제혁신센터'에서 진정한 '창조도시'로**」: 2015년 7월 23일 작성. 같은 제목으로 2015년 7월 29일 ≪대구신문≫에 게재.

제4장 도시 경관과 문화

「도시 재개발과 경관의 창조적 파괴」: 2012년 11월 작성. 「역사적 경관의 복원과 장소 정체성의 재구성」이라는 제목으로 ≪공간과 사회≫ 통권42호)에 게재(본문은 논문의 일부를 수정한 것임).

「도시의 새로운 난장, 축제와 박람회」: 2014년 10월 24일 작성. 같은 제목으로 2014년 10월 27일 ≪대구신문≫에 게재.

「위기에 처한 도시의 문화공간, 대학로」: 2015년 5월 1일 작성. "위기의 문화공간, 대학로"라는 제목으로 2015년 5월 3일 ≪한국일보≫에 게재.

제5장 주택정책과 부동산시장

「박근혜정부 주거복지정책의 의의와 한계」: 2013년 12월 25일 작성. ≪한국도시연구소≫ 웹진에 게재.

「부동산시장, 날개는 달았지만……」: 2014년 8월 14일 작성. 같은 제목으로 2014년 8월 18일 ≪대구신문≫에 게재.

「주택시장의 정상화 또는 주거불평등의 심화」: 2015년 1월 5일 작성. "주택시장 어디로 가고 있는가"라는 제목으로 2015년 1월 12일 ≪대구신문≫에 게재.

제6장 도시 주거와 서민생활

「누구를 위한 '기업형 임대주택'인가?」: 2015년 1월 30일 작성. 같은 제목으로 2015년 2월 5일 ≪대구신문≫에 게재.

「금리 1% 시대, 서민 부채의 함정」: 2015년 3월 20일 작성. 같은 제목으로

2015년 3월 22일 ≪한국일보≫에 게재.

「**구룡마을 철거, 합법과 강제 사이**」: 2015년 2월 7일 작성. 같은 제목으로 2015년 2월 9일 ≪한국일보≫에 게재.

第7장 위험한 사회와 무능한 정치

「**세월호 참사와 위험국가**」: 2014년 5월 7일 작성. "위험국가와 지방정치의 역할"이라는 제목으로 2014년 5월 11일 ≪대구신문≫에 게재.

「**메르스 사태의 지리학과 생명 권력의 정치**」: 2015년 7월 22일 작성. 같은 제목으로 ≪공간과 사회≫ 통권 53호에 게재.

「**인구 감소의 암울한 전망과 대책**」: 2014년 12월 13일 작성. "인구 감소의 암울한 전망, 대책이 시급하다"라는 제목으로 2014년 12월 22일 ≪대구신문≫에 게재.

第8장 다문화사회와 지역의 역할

「**다문화사회로의 전환과 지역의 역할**」: 2015년 5월 21일 작성. 같은 제목으로 2015년 5월 28일 ≪대구신문≫에 게재.

「**다문화공간의 형성과 다문화주의**」: 2009년 2월 14일 작성. "다문화공간의 형성, 이데올로기와 규범성"이라는 제목으로 2009년 3월 31일 ≪경상대신문≫에 게재.

「**다문화사회를 위한 지역 공생 전략**」: 2012년 1월 15일 작성. "다문화사회를 대비한 도시 및 지역정책 과제"라는 제목으로 2012년 2월 ≪국토≫ 364호에 게재.

제9장 국토 공간과 도시 이론가들

「**데이비드 하비, 자본의 공간에서 '희망의 공간'으로**」: 2009년 9월 12일 작성. "'탈취를 통한 축적' 도시재개발에서 금융위기 예견"이라는 제목으로 2009년 9월 18일 ≪한겨레≫에 게재.

「**하트와 네그리, 비물질적 생산과 인지자본주의**」: 2015년 1월 작성. "탈산업 자본주의의 발전과 도시 공간의 재편"이라는 제목으로 2015년 ≪황해문화≫ 봄호(통권 86호)에 게재(본문은 논문의 일부를 수정한 것임).

「**닐 스미스, 불균등발전, 도시 재활성화, 제국의 세계화**」: 2005년 9월 20일 작성. 「닐 스미스의 불균등발전론」이라는 제목으로 2006년 발간된 『현대 공간이론의 사상가들』(국토연구원 편역, 한울)에 게재.

제10장 세계화 속 국토 및 도시 관련 서평

「**세계화의 현실과 이데올로기**」: 2007년 8월 27일 작성. 「세계화에 대한 세 가지 시각」이라는 제목으로 2008년 ≪환경과 생명≫ 가을호(통권 57호)에 게재.

「**자유무역의 세계화에서 탈세계화의 공정무역으로**」: 2007년 5월 25일 작성. 「'자유' 무역의 세계화에서 탈세계화의 공정무역으로」라는 제목으로 ≪환경과 생명≫ 여름호(통권 52호)에 게재.

「**도시는 누구의 것인가?**」: 2014년 5월 7일 작성. "도시는 '땅값을 근심하는 그들'의 것이 아니다"라는 제목으로 2014년 5월 9일 ≪프레시안≫에 게재.

찾아보기

[인명]

[용어]

[ㄱ]

[ㄴ]

[ㄷ]

[ㅊ]

[ㅌ]

[ㅍ]

[ㅎ]

지은이

최병두

서울대학교 지리학과를 졸업하고, 같은 학교 대학원에서 석사학위를, 영국 리즈대학교 지리학과에서 박사학위를 받았다. 현재 대구대학교 지리교육과 교수로 재직 중이며, 자본주의 도시화와 관련된 공간환경 문제들에 관심을 가지고 연구를 진행하고 있다. 미국 존스홉킨스대학교와 영국 옥스퍼드대학교의 방문교수, 한국공간환경학회 회장 등을 역임했다. 주요 저서로 『비판적 생태학과 환경정의』(2010), 『자본의 도시』(2012), 『창조경제와 창조도시』(근간) 등이 있으며, 역서로 『공간적 사유』(2013) 등이 있다.

한울아카데미 1866

한국 사회와 공간환경에 관한 간략한 비평 1
국토와 도시

지은이 | 최병두
펴낸이 | 김종수
펴낸곳 | 한울엠플러스(주)
편집책임 | 신순남
편집 | 하명성

초판 1쇄 인쇄 | 2016년 1월 29일
초판 1쇄 발행 | 2016년 2월 19일

주소 | 10881 경기도 파주시 광인사길 153 한울시소빌딩 3층
전화 | 031-955-0655
팩스 | 031-955-0656
홈페이지 | www.hanulmplus.kr
등록번호 | 제406-2015-000143호

Printed in Korea.
ISBN 978-89-460-5866-8 03980(양장)
ISBN 978-89-460-6112-5 03980(학생판)

* 책값은 겉표지에 표시되어 있습니다.
* 이 책은 강의를 위한 학생용 교재를 따로 준비했습니다.
  강의 교재로 사용하실 때에는 본사로 연락해주시기 바랍니다.